管理 愤怒

[日] 户田久实（Kumi Toda） 著

姚继东 译

中国科学技术出版社
·北 京·

北京市版权局著作权合同登记 图字：01-2020-6888。

图书在版编目（CIP）数据

管理愤怒 /（日）户田久实著；姚继东译 . —北京：

中国科学技术出版社，2021.5

ISBN 978-7-5046-9025-8

Ⅰ. ①管… Ⅱ. ①户… ②姚… Ⅲ. ①愤怒—自我控

制—通俗读物 Ⅳ. ① B842.6-49

中国版本图书馆 CIP 数据核字（2021）第 068294 号

策划编辑	申永刚　王雪娇	责任编辑	陈　洁
封面设计	马筱琨	版式设计	锋尚设计
责任校对	邓雪梅	责任印制	李晓霖

出　　版	中国科学技术出版社
发　　行	中国科学技术出版社有限公司发行部
地　　址	北京市海淀区中关村南大街 16 号
邮　　编	100081
发行电话	010-62173865
传　　真	010-62173081
网　　址	http://www.cspbooks.com.cn

开　　本	880mm×1230mm　1/32
字　　数	100 千字
印　　张	5.75
版　　次	2021 年 5 月第 1 版
印　　次	2021 年 5 月第 1 次印刷
印　　刷	北京盛通印刷股份有限公司
书　　号	ISBN 978-7-5046-9025-8/B·71
定　　价	49.00 元

因过分在意职权骚扰而不能发火。

和价值观不同的人沟通而产生紧张焦虑感。

在职场中，心里没有安全感。

你是否有上面这样的烦恼呢？

愤怒管理是19世纪70年代在美国被开发出来的帮助人们妥善处理愤怒情绪的心理训练法。愤怒管理并不是说绝对不能发怒，而是不要由于发怒而后悔，这才是愤怒管理真正的目的。愤怒管理让人不会产生诸如"那个时候我要是不发火就好了""那个时候我要是发火就好了"之类的悔意。要做到这一点，首先要区分什么是有必要发火的事情，什么又是没必要发火的事情，然后才能采取恰当的处理方法，这才是愤怒管理。

日本于2011年成立了日本愤怒管理协会。迄今为止，已经有超过100万人次听过愤怒管理协会举办的讲座，有近2000家企业引进了愤怒管理的培训。

我本人从事企业培训讲师这个职业已经有28个年头，包含演讲在内我已经向累计220000人次传授了沟通的秘诀。

在2020年6月日本的防止职权骚扰的相关法律正式实施之前，以愤怒管理为主题的培训一下多了起来，我开展的培训获得了多数听众的好评，大家普遍反映，通过培训他们了解了如何预防职权骚扰，对提高个人和组织的业绩有所帮助，并且基本上解决了职场上的沟通问题。

如果能妥善地管理愤怒，人生也会随之改变。本书的特色在于除了管理自身的愤怒情绪之外，对于被卷入到别人的愤怒情绪中时应该如何应对，也做了详细的说明。

无论是管理人员还是新员工，如果本书能对所有苦于人际沟通的人有所帮助，那将是我莫大的荣幸。

户田久实

目录

第 1 章　愤怒管理的必要性

1. 再见，令人不开心的职场　2

2. 在日本，职权骚扰被纳入法律的监督范畴　8

3. 由于价值观的多元化而变得没有"常识"的职场　12

4. 发怒是浪费时间——提高工作效率、改革工作方式　20

第 2 章　愤怒的源头和出口

1. 愤怒是产生于自己的一种情绪　26

2. 愤怒会传染给周围的人　28

3. 愤怒会产生连锁反应　30

4. 关系越亲近，脾气越大　33

5. 愤怒无法固定对象　35

6. 愤怒的矛头有时也会指向自己　37

7. 将愤怒转化为动力　44

第3章　了解愤怒的构造

1. 愤怒是人类必要的一种情绪　48

2. 核心信念会衍生愤怒　50

3. 关于"应该"，你需要知道的3个要点　52

4. 愤怒产生的3个步骤　57

5. 愤怒的背后潜藏着多种情绪　59

第4章　愤怒管理的实践

1. 愤怒管理的构造和分类　68

2. 训练模式①——应对方法　70

3. 训练模式②——改变易怒体质　79

4. 摆脱恶性循环　88

5. 要分清事实和主观臆断　91

6. 明确愤怒的界限　96

第**5**章　被卷入愤怒时的应对法

1. 在判断对方的情绪时不受他人想法的影响　*102*

2. 锻炼自己的无视力　*115*

3. 为了不受过去的愤怒折磨　*120*

4. 保持不带有愤怒的心境　*122*

5. 将愤怒改为提要求　*126*

第**6**章　指导、训斥下属的方法

1. 训斥并不是坏事　*136*

2. 产生训斥行为的原因　*138*

3. 在训斥别人前需要知道的事　*142*

4. 训斥的方法　*144*

5. 相互的信赖关系很重要　*152*

6. 不要搞错训斥的目的　*157*

7. 尝试改变训斥的习惯　*159*

8. 训斥下属的要点　*162*

结束语　*175*

第 1 章

愤怒管理的
必要性

1 再见，
令人不开心的职场

不能说真话的情况日益增多

是否有些职场环境经常会让你感到焦虑，或者气氛经常会变得紧张呢？由于团队里有一些容易感情用事的人，因此周围的人不得不在工作时对其小心翼翼，你是否曾经在这样的职场环境中工作过呢？

在日本也许这是让人司空见惯的场景，经常弥漫着紧张氛围的职场，的确可以称为"令人不开心的职场"。例如，在由上司下达指令的管理方式中，下属对上司只是一味地服从，上司经常会当着其他员工的面训斥下属，员工们怀着各种各样的想法，小心翼翼地工作着。这样的情景在日常工作中比比皆是。

在这样的职场中工作的员工们经常会产生"如果犯了错就要被上司批评吧"的念头，由于胆怯的心理，丧失了对新事物发起挑战的勇气和意愿。如此一来，"无论如何只要圆滑周到、不出任何纰漏地把工作完成就好"，抱有这样想法的员工逐渐增加，即使有什么建议和想法，也会察言观色、揣摩领导的意图，或者出于"只要自己不出问题就行"的想法，开始伺机进退，甚至相互拖后腿。

当团队中有容易感情用事、因为一点小事就大吵大闹的人，那么焦虑感就会相互传染，有时候会让周围的人也陷入不愉快的氛围中。如果下属不小心成了谁的撒气筒，就又会把自己愤怒的情绪发泄到其他人身上，从而引起一系列的连锁反应。

这些都是在"令人不开心"的职场中经常能看到的情景。

不只是上司的原因，还有由于下属的问题导致的令人不开心的职场的情况。例如，有的员工无论做什么都按照自己的意愿来，完全不顾及别人的感受；有的员工不愿意与团队里的其他成员进行合作，自己出了问题经常把责任推卸到别人身上等；还有虽然身在团队，却一意孤行、我行我素的员工。

在这种时候，有的上司害怕会被下属认为是"职权骚扰"，从而不去提醒和警告下属，这样的例子近些年来时有发生。

如果你曾经遇到过我上面所说的这些情况，那么真希望你能早日从这样的情形中解脱。

心理安全是职场不可或缺的要素

《世界最强团队谷歌：用"最少的人数"创造"最大的成果"的方法》（彼得·费利克斯·格日瓦奇著，朝日新闻出版）中提道："所谓心理安全，指的是每个团队成员都能够安心地、按照自己的意志在团队里工作。"

那么能够让员工按照自己的意志工作的环境究竟是怎样的呢？"能够认识自我、展示自我以及充分表现自我"的工作环境，就是可以让员工安心地畅所欲言的职场。

如果员工感受不到心理安全，那么成员之间就无法相互信赖，即使有明确的目标、计划和职责，也不能找到工作的意义，从而无法提高工作绩效。正因为如此，心理安全对于职场环境来说是必不可少的要素。

心理安全是谷歌公司在"亚里士多德项目"中提出的概念，这个项目旨在对谷歌公司进行大规模的工作改革，从2012年开始用4年的时间实施完成。此项目的研究成果报告指出："要提高工作效率，取得团队成功，心理安全是不可缺少的要素。"心理安全这个概念也因此受到世人的关注。

那么，现实中员工在缺乏心理安全感的职场工作都会发生什么呢?

例如，如果上司经常紧张焦虑，把自己的想法强加于下属，或者一旦员工犯错，上司就会大发雷霆，在这样的职场环境中就不能保证员工有心理安全感了吧。而且，在这样的职场中，也绝对没有员工能够放心地展示自己，员工之间也无法畅所欲言。

尤其当有人焦虑不安的时候，其他人也只会观察别人的脸色，变得畏首畏尾。因为害怕失败，所以不能直抒胸臆。在这样的环境下，企业是不可能实现心理安全的。

因此，为了提高工作效率，保证员工的心理安全，有必要让所有的团队成员去实践愤怒管理。

用愤怒管理改变"令人不开心的职场"

在我负责的培训中，经常可以看到团队所有成员都要求接受愤怒管理培训的例子。有从20多岁的新员工到50多岁的管理者一起接受培训的，在规模较小的企业中，也有连首席执行官都加入到培训中来的。

在培训中大家相互交流自己的想法。"我总认为'男人就应该做到这种程度'""之前我一直以'应该做什么'的想法推进工作，不好意思"等，在交流中，有很多这样自我反省的人。

此外，学员们还利用日本愤怒管理协会开发的愤怒管理诊断（了解自己的愤怒倾向、类型的诊断工具），一边相互交流诊断结果，一边分享"我在这种情况下容易生气""总会纠结于这样的场合"等心得，让大家去体会团队协作时应该具备的价值观。

在团队成员间相互分享的时候，我会让大家像下面这样一起相互展示自己的想法，"对我来说这项工作的开展方法十分重要""我认为和工作方法相比，像这样相互交换意见更为重要"等，也就是让学员们相互理解，在自己的价值观中什么是优先顺序最高的。

在这样的交谈中，上下级关系、进入公司的年头、职业、是否具备知识和技能等差异统统被抛到了一边。

上司让员工自由发言，沟通就会变得顺畅，工作业绩也会随之提高。

不仅要让现代职场成为能解决问题的地方，还要试着不让职场变成一个令人不开心的地方，企业中的所有人都有必要一起努力，主动地采取措施去创造理想的职场环境。

上司的态度和做法会对职场环境产生重大影响

我经常会在针对管理岗位的培训中向大家传达"身为管理者，能否管理好自己的情绪，会对整个职场产生重大的影响"这样的观念。

手中握有一定权力的人如果不能管理好自己的愤怒情绪，那么这种愤怒就会不断地向下延展，从而给职场环境造成重大的影响。

因此，我告诉接受培训的管理者们，越是身处领导层的人，越有必要掌握愤怒管理的技能。

如果想要彻底地整治"令人不开心的职场"，首先从管理人员开始就要能够管理好愤怒，这是十分重要的。

当然年轻员工也有必要管理好自己的情绪，但有权力的人所产生的影响，会因为其职位而显得更加强烈。正因为如此，才会有"职权骚扰"一词。

近些年来，尽管我开始听到下属对上司进行职权骚扰的事情，但还是管理层的态度和做法左右职场环境的事例更为常见一些。

不管怎样，在一个会产生职权骚扰且令人不开心的职场中，员工是不会有很高的工作效率的。因此，我迫切地希望首先从管理者开始，学会并掌握管理愤怒的技巧。

2 在日本，职权骚扰被纳入法律的监督范畴

日本从2020年开始实施防止职权骚扰的相关法律

自2020年6月起，日本防止职权骚扰的相关法律正式开始实施。2019年5月29日，日本参议院全体会议表决通过了《女性活跃与骚扰规制法》等部分修正案，防止职权骚扰也被纳入法律的监督范畴。

日本法律规定企业有义务采取防范措施来应对职场中的职权骚扰，日本法律还规定大企业从2020年6月起制定职权骚扰对策，中小企业则要在2022年4月开始实施防止职权骚扰的相关法律。由于是日本厚生劳动省要求实施的法案，大多数日本企业已经开始付诸行动。

日本多数大型企业积极采取行动对策。由于大型企业开始制定对策的时间更早，政府有可能会提供指导和帮助，而

且大型企业的员工间信任度低下的问题更为严重。

对于工作场所的职权骚扰，日本厚生劳动省明确提出了以下6个类型：

①身体攻击——殴打、碰撞等暴力行为。

②精神攻击——用具有伤害性的语言和行动驳倒对方。

③人际关系的疏离——比如只把一个人从团队里排除，私下聚餐不通知这个人，不与其分享信息等。

④过多要求——安排超出员工承受范围的工作量。

⑤过少要求——不安排工作或者只为员工安排不重要的工作。

⑥侵害隐私——干涉个人隐私（比如问对方"休息日都做什么""为什么不结婚"等）。

在这6个类型中，身体攻击、精神攻击与愤怒管理的关系最为密切。

在怒火中烧的瞬间向对方施加暴力的行为，在指导下属的过程中将对方逼到走投无路的言行，都可以通过掌握愤怒管理的技巧来避免。

所谓职权骚扰，指的是"凭借优越的关系这类职场优势，超出正常业务范围恶化劳动者职场环境的言行"。

在这个定义的基础上，日本政府要求企业有义务采取防范措施来应对职场的职权骚扰。日本防止职权骚扰的相关法律中还规定，对于不采取措施处理职权骚扰的企业，日本厚生劳动省将要求其进行业务整改，对于拒不整改的企业，将通过通报企业名称等方式予以警告。

因此，在日本大企业中，作为防止职权骚扰的对策之一，让管理层实施愤怒管理的活动正在如火如荼地进行着。做到什么程度属于指导工作，做到什么程度又属于职权骚扰，对于大多数人来说这两者的界线实在是难以界定。

现在担任管理职务的人也不能保证在年轻的时候得到的都是恰当的业务指导，而不是职权骚扰。在找不到可以称为榜样的情况下，尽管上司被别人说"要注意不要职权骚扰同事"，也会很困惑该如何注意吧。

作为职权骚扰对策的愤怒管理

在很多企业我都会被问到同样的问题："职权骚扰的相关知识我们都知道，然而具体怎么做才对呢？"

例如，有的人会说："我知道不能进行职权骚扰，然而总会有忍不住生气的时候，我想知道如何控制自己的情绪。希望您能教给我们管理愤怒的方法。"还有，在负责培训下属的人中也会有人认为"虽然这么说，但犯错的还是下属"。

即使现在被当成是职权骚扰的言行，由于年轻时候自己就是听着这样的话被一路教导过来的，因此有时候也很难改变自身的举止行为。然而从现在开始，上司必须做出改变。

只要一直固执地坚持自己是正确的，就会不可避免地产生"必须要改变的是下属和年轻员工""为什么非要求上司停止职权骚扰呢"这样令人郁闷的想法，而这样的上司越来越多了。

随着时代的发展，价值观也正在日趋多元化。因此，如果上司和下属不能不断地审视自己的价值观是否正确，就很难改善职权骚扰的问题。

在说出"不能进行职权骚扰"之前，请大家先从审视自己的价值观开始吧，因为这关系到对下属进行工作指导。

正是由于职权骚扰开始被纳入日本法律体系，更多的人才会注意到管理愤怒情绪的重要性，我认为这是一个绝好的机会。

3 由于价值观的多元化 而变得没有"常识"的职场

价值观随着工作方式的改变日趋多元化

近些年，我们经常会听到"工作方式改革""多样性、包容性"这样的词语。大家有没有觉得出生年代不同的人，持有的价值观会有差异？因此，就会很容易发生对你来说理所应当的事情，别人不一定这样认为，自己理解的所谓常识对别人并不适用。例如，直到不久前社会还普遍认为育儿假是女性理应获取的假期，但现在却不尽然。

以前认为开会就应该大家面对面地进行，然而如今通过网络视频即可实现远程的会议交流。通过导入远程办公，实现员工弹性工作制的企业也在日益增加。像这样，与工作方式相关的价值观也逐渐多元化。

和年长的男性所奉行的"是男人就应该想要出人头地"

的价值观相比，抱有"对晋升和出人头地不感兴趣，只想过好自己的日子""做自己喜欢的事情"等想法的年轻男性日益增多。

十多年前终身雇佣制还是日本企业制度的主流。而现在，虽然也有企业依然执着地坚持终身雇佣，但"为了自己的职业发展想要不断跳槽"的人也越来越多，其中不乏把入职的第一家公司当作跳板的人吧。

我在给年轻员工培训的过程中也经常感觉到，即使是曾经被认为"一般性常识"的工作方式，也已经"不能称为常识了"。相应地，人们对待工作的思考方式也越来越多样化。

对于年轻员工的跳槽，管理层要有心理准备

作为上司，自己辛苦培养的下属被别的公司挖走了，或者下属主动离职，总会让人感到无法接受。

那么，上司有必要做好什么样的心理准备呢？

有一些原本就积极鼓励员工自主创业的大型企业，虽然是大规模招聘进来的人才，但企业的态度是，若要"另起炉灶"，员工也可以提出辞职。只是，如果企业自身没有这样的文化，那么辛苦培养出来的员工半路出走，对企业来说也

许是不小的打击。

有一位接近50岁的男性管理者，下属多次找他谈话，告诉他"我不可能在这里干一辈子，我有自己想做的事情"。在这种时候，这位管理者不但没有生气，反而尊重下属本人的意愿并积极为下属出谋划策。

对于那些"不想做业务销售方面的工作，想做人事工作"的员工，管理者可以建议他们转岗："为了能到人事部门工作，何不好好利用这个机会呢？"如果有的员工"想去国外工作"，那么管理者可以回答他："明白了。那在你还没有去国外之前，请努力把现在的工作做好吧。"

那位管理者是这样想的："为下属的人生出谋划策，让下属的才能得到发挥，这才是管理层的职责。"他曾经说道："下属离职的时候只要能让他认为'我上一份工作实在是太好了'就可以了。"直到现在，他仍然和以前的下属们保持联系。"托您的福，我正在自己憧憬的领域工作着""现在我从事着这样的工作"等，这种联络已经超越了职场前辈与后辈的关系。

当管理者从长远的视角去培养下属的时候，他就会抱有这样的态度：自己不再是公司的管理者，而是一个对下属的人生进行支持的朋友。也可以说，管理者有责任帮助下属发挥其才能，实现其职业发展的各种可能性。

当管理者站在下属的立场思考问题的时候，对于一边说着"话虽如此，你还是老老实实在这儿待着吧"，一边用白眼打发下属的做法，一定也会十分厌恶吧。如果下属不能对谈话的对象产生信赖感，就会失去工作的干劲，他们又怎么能提高工作业绩呢。

因此，为了避免那样的事情发生，当下属想要找你谈话的时候，请先试着接受"他是一个能够敞开心扉展示自我的人"吧。正因为下属认为"这个人能够支持我"，所以才能够产生"只要我还在这儿工作，就要尽自己所能为公司做出贡献，努力地配合大家"这样的想法。

前面提到的那位管理者，可以说就是预见了这一点而采取行动的。

当然，下属离开公司这件事本身应该是令人遗憾的。然而最让人郁闷的是，某一天下属突然扔给你一封"辞职信"，然后冷漠地丢过来一句"我要辞职"。

如果能让下属事先对你说出"事实上我没有考虑过一辈子待在这里。我有自己想做的事情，但无法在这里实现"这样的话，你就能够做好心理准备了。

在下属决定辞职之前，也许你还有可能说服对方，但如果是在对方打定主意之后再劝说，要改变现状就非常困难了。希望你在了解这个事实的基础上，注意自己日常的管理行为。

让管理走入困境的上司

说到容易在管理中引起麻烦的上司，我认为正在呈现出一种极端情况。这种极端情况是，常有认为"和我没关系"、毫无察觉地进行职权骚扰的上司。这样的上司容易钻入"为什么非要让我一个一个地说出来，下属才能明白呢"这样的牛角尖。

从我的角度来看，即使是刚进入公司5年的年轻管理人员，也经常会说"现在的年轻人和我们那时候真不一样""差个两三岁，价值观就完全不同"之类的话，年轻人的价值观正在不断地多元化。

有一位负责新员工培训的年轻负责人告诉新员工"要在客户来之前提前准备好资料"，结果有一位新员工直到客户来公司前2～3分钟才开始整理资料。对这位新员工来说，"提前"就是早2～3分钟开始整理。

"我所说的'提前'并不是只提前2～3分钟！"这让那位培训负责人不禁感受到了人与人之间认知的差异。

现在是管理层的"常识"行不通的时代

在现在的年轻员工中，有人说："我是越夸越优秀的人，请多多表扬我。"

其中还有人觉得自己每天早上按时上班已经3个月了，应该被表扬。

上司吃惊地向本人询问情况后，那位员工回复的理由居然是，以前在学校的时候老师会跟他说"每天都精神饱满地来学校，你真棒啊"之类的话。在日本，如果班级内出现把自己关在家里不出门或者不去学校的学生，有时候会影响到学校对老师的评价。因此，有的学校老师会跟学生们说："感谢你每天精神饱满地来上学。"

像高中和大学这样的非义务教育的学校，由于是交学费才能上学，在某种意义上有一种学生是顾客的感觉，而公司是付给员工报酬的一方，劳动者为了得到报酬而工作。对于现在的年轻一代，有时候上司必须要告诉他们学校和公司的差异。

对于年轻员工如此令人意想不到的言行，想必有很多上司会感到十分困惑吧。对于年轻员工的这些标新立异的言行，上司们也许会不自觉地脱口而出："这个是常识吧。"然而如果那样说，对方就会对"常识"这个词产生过度反应，认为上司"把他所认为的常识强加给自己""自己因为被当作是没有常识的人而被上司蔑视",从而开始忍气吞声。

"常识""想当然"这样的词语陷阱

以前在我担任讲师的新员工培训中,曾经有一位新员工由于老员工们经常对他说"这些是常识吧,你不知道吗"而感到十分困惑,于是来找我交谈。据说作为被说教一方的感受是"自己被贴上了没有常识的标签,十分厌恶"。当你想要使用"常识"这个词语的时候,请先试着提醒自己"这件事对我来说虽然是常识,但也许不在那个人的常识范围内"。所以,请大家尽量避免使用"常识"这样的词语。

使用"常识"一词,有时候不仅会伤害到对方,还有可能被对方认为是在进行职权骚扰。因此,在向对方传递信息的时候,还是不要用"这是常识吧""这种事情是理所当然的吧"这样的话语来处理比较好。

如果遇到新员工找你交谈的时候,也请你注意不要轻易说出"我希望你按照我的想法工作"这样的话。

为了不让下属被上司的经验和通过职业经历总结出来的"常识"过度束缚,有一个好方法是告诉对方"这并不是否定你的想法"。

与其让双方的"理所当然"相互碰撞，不如让新员工意识到"这家公司的老员工们很重视他们长久以来的工作方式"，这才是交流的真正目的。

管理层的职责是指明能让全员认同的愿景

在日趋多元化的时代，管理层应该怎样指明方向才会让全部下属认同呢？以心理安全的角度来看，即使下属的价值观、工作方式不同也没关系。在认识到双方差异的基础上，面向"今后怎么去做"这个目的交换意见才是不可或缺的。

由于能够进行建设性的对话是非常重要的，所以即使认为对方"很固执""有点怪"，也请管理层注意不要抱怨和发牢骚，或者和对方发生争执。总之，请尽量避免任何只是批判对方的非建设性的发言，以及将自己的观点强加于人等情况。

在和下属交谈的时候，管理层有必要向对方说明"这项工作是为了实现今后的愿景和目的去做的"。

我认为，只要每个员工都能够共享"为了决定团队的方向，我们在这里交流彼此的想法"这样的念头，多少有些争辩和讨论也是可以的，因为这比揣摩彼此的心思更有建设性。

4 发怒是浪费时间
——提高工作效率、改革工作方式

要提高工作效率，不能缺少对情感的管理

　　时常因焦虑情绪而发怒，会让大多数人无法集中注意力，不能做出冷静的判断。即便不得不集中精力工作，也会由于情绪不够饱满，或者在工作中犯错，对工作的结果产生影响。而且，面对一些无可奈何的情况，若只是不停地焦虑，也不能解决任何问题。也就是说，焦虑是在浪费时间，只会使当事人徒增压力。

　　即使感受到了自己"愤怒"的情绪也不要紧，关键是如何处理自己的愤怒，这关系到工作业绩，所以非常重要。

　　而且，员工动不动就向周围的人发火，经常焦虑、烦躁，也会使团队成员之间的关系恶化。如果个人妨碍了团队协作、彼此交流沟通，也会影响到团队整体的生产效率。

由于工作方式改革是在有限的条件下为了提升工作业绩而采取的举措，因此也会对团队的生产效率产生影响。如果大家都很焦虑，是无法营造令人愉快的工作氛围的。

因此，员工能否管理好自己的情绪，与提高工作效率和改革工作方式关系重大。

离职率骤减的事例

有这样一个案例，日本某家食品工厂在导入愤怒管理模式半年后，工人的离职率降低了。

原本在这家工厂中，为了避免危险、不让工人们受伤，管理人员往往会严厉地指责员工。在工作现场经常可以听到上司们发出"你在干什么呢？好好确认""别靠近机器，很危险"这样的训斥声。

一旦工人们在工作中出错，就会酿成大事故，上司们不得不放大音量说话，这也是没有办法的事情，这其中也有上司会过度愤怒，一旦发起脾气来就收不住。因此，由于无法忍受充满愤怒的氛围，很多小时工纷纷辞职，这是在这家食品工厂里很常见的情景。

在充满愤怒情绪的职场中，员工之间的对话自然会减少，大家只会一边察言观色，一边默默地埋头工作。由于"害怕被上司骂"只能缩手缩脚地工作，于是也出现了离职率高的问题。

此后，管理层在接受愤怒管理培训的半年后，职场中的对话逐渐增多，员工间的沟通也变得更加顺畅。

促使这家工厂做出改变的契机，是工厂从对员工的调查中得到了越来越多"上司的发怒方式很恐怖"的反馈开始的。从调查问卷的结果和高离职率中，人事部门感受到了危机，决定导入愤怒管理的培训。

工厂的培训参加者是各生产线的负责人员。培训一开始，培训人员向大家介绍了工厂的现状："迄今为止由于管理人员的发怒方式，让很多工人产生了畏惧心理，对工人的心灵造成了伤害，他们对此很反感，也很恐惧。如此一来，工人们的能力无法得到充分发挥，更不敢说出自己想说的话，除了工作上的事，为了不招惹上司，与上司商量和向上司报告的次数都减少了。"

由此培训人员引出了"在必须要训斥员工、提醒员工的时候，可以用什么样的说话方式"的话题。

上司不应任由怒气发展，如果上司曾深深地叹气、不耐烦地咂嘴，或者冲员工怒吼，那么以后请用柔和的管理方式来解决。通过两天的培训，培训人员让管理者们掌握了管理愤怒的方法。半年以后我们再度造访这家工厂的时候，听到了"职场好像变了个样子"的声音。

员工的留职率趋于稳定，员工们像换了个环境似的相互打招呼，大家的脸上又浮现出久违的笑容。

在别的公司我们还看到了这样的例子，团队全员从参加愤怒管理培训的第二天开始，如果有谁再发言说"应该这样"的时候，周围的人马上就会调侃道："刚才你说了'应该'是吧？"职场中充满了这样轻松、愉快的对话。

像这样，很多员工反馈，在短时间内职场的氛围发生了变化。通过在职场或者团队中导入愤怒管理的方法，"令人不开心的职场"的交流情况得到了改善。

☐ **有安全感，能够按照自己的意志工作的环境**

  · 能够认识自己。

  · 展示自己。

  · 表现自己。

☐ **为了实现心理安全**

  · 全员进行"愤怒管理"。

☐ **越有权力、越有地位的人**

  · 越有必要进行"愤怒管理"，领导层的态度和做法会左右职场
    环境。

☐ **职权骚扰的防止对策**

  · 掌握与职权骚扰相关的正确知识。

  · 让管理层进行愤怒管理培训。

☐ **为保证愤怒管理的顺利进行，领导层应该做的事**

  · 承认彼此的差异。

  · 以"今后怎样去做"为目标交换意见。

  · 不做非建设性发言。

  · 不把自己的主张强加于人。

☐ **如果领导层不掌握愤怒管理**

  · 会将焦虑传染给周围的人，恶化与成员的关系。

  · 无法进行团队合作、交流。

  · 对团队工作的生产率产生影响。

☐ **管理层接受愤怒管理培训的结果**

  · 降低员工离职率。

  · 职场的对话增加，沟通更加顺畅。

  · 员工彼此打招呼、交谈，脸上呈现出笑容。

第 2 章

愤怒的源头
和出口

① 愤怒
是产生于自己的一种情绪

愤怒不是因为外界因素而产生的情绪。

我经常听到各种各样的人跟我抱怨。

"因为那个人变得焦虑。"

"因为下属老是犯错，我才会这么生气。"

"父母净和我说一些不通情理的事情，让我烦躁。"

"客户总是提一些无理的要求，每次都让我很气愤。"

有时候不只是工作，还会涉及人际关系。除此之外，我还能听到"组织制度就是这样，让我感觉很不舒服""现在整个经济的大环境不好，我才会这么愤怒"等话语。一些人将愤怒的原因归结为外界因素，这在组织内部应该是很常见的。

然而，愤怒管理理论认为"愤怒是产生于自己的一种情绪"。如果把愤怒的原因归结为外界因素，就无法进行愤怒管理。

这是因为，如果你认为愤怒是由外界因素引起的，就相当于承认了"我的情绪是被别人所左右的""我的情绪是由外界的事情所左右的"一样。正因为愤怒是由自己产生出的情绪，我们才可以很好地处理它，并且能够控制自己的情绪。

关于产生愤怒的原因，我会在第3章进行详细说明。本章我们首先来了解一下自己产生的"愤怒"情绪的本质是什么。

② 愤怒
会传染给周围的人

　　有一个词叫"情绪传染"。意思是情绪具有传染给周围人的性质。在人类的情绪中，除了"愤怒"，还有"快乐""悲伤"等情绪。例如，当和你在一起的人将"快乐"的情绪毫无掩饰地表现出来的时候，你会感觉四周的氛围也变得明朗起来，想必大家都有过这样的经历吧。同样，当某个人愤怒的时候，这种情绪也会传染给在一起的其他人。即使那个愤怒的人并没有直接冲其他人发火，其他人也会感觉自己的情绪随之变差了。

　　对着电脑屏幕一边发着牢骚，一边发出悲观的奇怪的叹息声，或者"啧啧"地咂着嘴、不耐烦地敲打着键盘……当你感受到对方这种焦躁不安的情绪时，也会不自觉地开始注意"为什么他会这么焦躁"，渐渐地自己也变得焦躁不安。

　　当偶尔遇到某人冲着其他人大发雷霆时，你是否会产生

"用不着那么生气吧"等不愉快的想法呢？

愤怒具有会传染给周围人的性质，只要身处同一空间，就会受到影响。愤怒比"快乐""悲伤"这样的情绪具有更大的能量，才会比其他情绪具有更强的传染力。

请注意，不要让自己在不知不觉间把愤怒的情绪传染给其他人。

3 愤怒
会产生连锁反应

人在愤怒时，与向上反抗相比，更会向下发泄

想必你们很容易理解职场中的上下级关系吧。

愤怒从上到下，由高处到低处，从有力的一方到无力的一方，具有流动性并产生连锁反应。

当职位高的人发怒时，这种愤怒会很容易流向下属。而那些被迁怒的员工，与其说会将怒火冲上司反击回去，不如说更有可能会矛头一转，向比自己职位更低的员工发泄。

那么我们可以想象，愤怒会不断地从职位高的人向职位低的人流动并产生连锁反应。

当然这种连锁反应不仅限于职场内部，也出现在家庭内部。

对于伴侣而言，如果存在不平衡的关系，那么怒火就会从丈夫到妻子，或者从妻子到丈夫被发泄出来，甚至还会发泄给孩子们。

而如果孩子之间存在兄弟姐妹的关系，愤怒就会从年龄更大的长子流向最小的孩子。更有甚者，愤怒的发泄对象有时还会演变成学校里弱小的孩子们。

像这样，愤怒会从强势的一方向弱势的一方、从高的地方向低的地方流动，产生连锁反应。

来自下属的职权骚扰

如果愤怒会自高向低流动，通常职权骚扰就多会发生在握有权力的上司和地位较低的下属之间，但近些年来，我们也经常会看到下属更强势的事例。

例如，某位管理者由于部门的人事变动，被安排成为新部门的经理。在这种情况下，那些部门中的老员工们，无论在部门内的人际关系方面，还是在知识和信息方面，都比这位新上司具有更大的优势。

因此，这些身处低位的员工，有时候会对新来的上司进行诸如"您连这个都不知道吗""以前的上司可不会对这些问题问个没完"这样的职权骚扰。

通过这样的做法，下属想要向新来的上司宣告：虽然从职位上来说你是我的上级，但在这里我才是更强的一方。因此，从愤怒的性质来说所谓的高低，并不是实际职位的高低，而是与在特定环境下"哪一方更有力量"有关系。

无法训诫下属的上司越来越多

现在，有些人在上司与下属的关系中感到压力，甚至有人因此得了抑郁症。

由于最近社会上一直呼吁停止职权骚扰，因而有的上司在一些不得不训诫和责备下属的场合也只能强忍。

有的上司害怕自己的行为变成职权骚扰、被下属反击或被下属厌恶，从而无法训诫下属，甚至连提醒和警告也不去做。

有的上司稍微对年轻员工严厉地说点儿什么，马上就会被他们回击"你这是职权骚扰"。

当然，归根结底这只是特殊的事例，我只是想由此让大家知道根据力量关系的不同，愤怒会产生连锁反应。

④ 关系越亲近，脾气越大

大家有没有这种感觉，有些话"对亲近的人很容易说出口"，相反"对于陌生人就无法说得很强硬"。

实际上对于身边比较亲近的人，愤怒容易变得更加强烈，这也是愤怒的一个性质。

亲近的人包括一起共事很长时间的职场同僚、家人、交往很久的朋友或者伴侣等人。

为什么关系越亲近，脾气会越大呢？这是因为由于戒备心的降低使我们更容易对亲近的人有恃无恐。

我们常对亲近的人抱有"在一起这么长时间了，这些话即使我不说他也应该明白""他应该会按照我想的那样做""即使稍微闹点儿情绪他也会原谅我吧"等这样的想法。

关系越亲近，对这个人的期待和依赖程度就会越高，愤怒也就越容易发泄。如果是有距离感的人，由于多少会有些顾虑，也就不会发那么大的脾气，正因为是和自己亲近的人发脾气，就不会顾虑那么多。

如果因为不能注意到这些，导致无法进行愤怒管理，就有可能会伤害到对自己非常重要的人。

如果任由这样的状态发展下去，愤怒就会不断地发生连锁反应，自己的周围就会充满愤怒感。

当然，这在职场环境中也经常发生。

5 愤怒 无法固定对象

"愤怒无法固定对象"是一种听起来比较令人费解的说法。

例如，你对A产生了愤怒感，但你并没有直接对A发火，而是把怒气发泄到完全没有任何关系的地方，也就是拿不相关的事物撒气。

至于迁怒的对象，有可能是家人，或者是和自己没有任何关系的服务业人员，还可能是网友。一个商务人士曾经坦白地告诉我："当我在公司感到愤怒的时候，由于在公司内找不到可以发火的对象，不知不觉就会把怒火发泄到绝对不会反击的服务业人员身上。"

有的人会用强硬的口气向乘务员抱怨"为什么电车还不开呢"，或者对负责接待的服务人员挑刺说"来得这么晚"。在售后客服中心接到的顾客来电中，原以为很多来电是对公司的投诉，结果发现客户往往是拿客服人员撒气，这样的事情我时有耳闻。

像这样，本来矛头应该指向A，结果却把火气撒在了完全不相干地方的情况并不少见。

愤怒会去往哪里，也会因人而异。

这种无意识地乱发脾气是最可怕的，大家可以试着去反省一下，自己有没有过不自觉地向周围的人以及没有任何反击能力的人发泄过怒火呢？

6 愤怒的矛头
有时也会指向自己

焦虑感会导致自残行为

到目前为止，我们所说的都是对外人乱发脾气，把愤怒传染给别人的情况，然而这其中也有对自己发火的人。什么情况下会发生这样的事情呢？

例如，有人在没有得到想要的结果时就觉得自己很可怜，会一边想着"为什么我连这样的事都做不好"，一边对自己发火。

接下来，由于持续不断地自责，有的人甚至会出现心理健康方面的问题。

实际上，这在做事认真的人里多为常见。这种人经常认为自己有错，总是会考虑得太多。

"为什么这种时候不能好好地说明白呢？"

"为什么我做不到呢？"

"为什么我经常得不到想要的结果呢？"

像这样自己的焦虑感不断地堆积。

在这样的案例中，严重的有时候会发生自残行为。

在找我咨询谈心的人当中，有一个30岁出头的女性，一旦开始焦虑就会无意识地揪自己的头发。虽然这也属于自残行为的一种，但由于本人是无意识地做这件事，而且并不能阻止自己这样做，结果被揪得都秃顶了。

后来，那位女性得到了上司的理解，通过到医院就诊，几个月后这个怪癖就消失了。

因为曾经是长发，所以换个发型可以掩盖过去，若是在揪头发时损坏了毛囊，头发可能就再也长不出来了，所以会影响一辈子。因此，我希望大家在症状还没有恶化之前，就要妥善地处理好自己的愤怒。

饮酒和抽烟也是一种自残行为

有的人即使明知喝酒伤身，有时候还会忍不住经常喝闷酒。

明明知道"再这么喝下去身体就垮了"的道理，可还是会自暴自弃地酗酒。这种自暴自弃的行为，也是将愤怒的情绪向自己发泄的一种方式，相当于自残行为。

当被问到"转换心情或者排解压力的时候都做些什么"的时候，经常会有人回答"喝酒或者抽烟"。然而实际上，人们由于焦躁不安的情绪而吸烟，会导致对香烟产生依赖性，吸烟次数也会不断增加，所以要特别注意。

暴饮暴食、购物成瘾等行为也是一样的。当你每次焦躁不安的时候，都会做同样不健康的事，就是成瘾性高的证据。

比如暴饮暴食，有人一旦心情烦躁就想吃东西，如果反复这个行为，不知不觉就会形成一种习惯，然后饮食量会不断地增加。在这种情况下，吃东西已经不是为了品尝食物的味道，而只是以"吃"这个行为为目的。结果压力不但没有得到排解，症状还会不断加重。其他成瘾性高的行为还包括为了排解压力去赌博、上网、打电子游戏等。如果持续依赖这些行为，心理会变得越来越不健康，所以请大家一定要小心。

不要对自己进行无意识地攻击

有的人无论如何也无法理解将怒气发泄到自己身上，做出对自己身心造成伤害的行为。

以前，在给一家企业进行愤怒管理培训的过程中，有一位40岁左右的女性管理人员曾与我交流："如果是对他人发脾气、施加暴力行为，或者对着东西撒气，还可以想象，不过我实在理解不了那些对自己发脾气的行为。"然而正是这位女性，也常常做着伤害自己身体的事情。

一起吃午饭的时候，她向我诉说了自己目前的状况：公司的体制过于陈旧，上司也不讲理。自己的下属虽然拼命努力地工作，却没有得到相应的评价和待遇。这让她觉得很对不起他们，每天都觉得很愤怒。这几个月以来一直头疼，她每天都要服用止疼药。虽然知道每天服用强效的止疼药对身体不好，却停不下来。

我告诉她，这样做正是在对自己进行无意识地攻击。她听了之后一脸惊讶。

因为无法改变的组织和上司的情绪，自己作为管理者却无法为下属做些什么，出于这样的状况，以及对于下属们的歉意，愤怒油然而生。随着这些情绪的堆积，产生了头疼的生理反应，虽然明知对身体不好，还是在持续吃药。

即使本人没有察觉到，这也是一种无法忽视的无意识自我攻击行为。

像这样在无意识间伤害自己的人正在不断增加。

大家可以回想一下，自己以及周围的人是否曾有这样的情况。

用健康的方式消除压力

为了不被愤怒的情绪所左右，我们需要用健康的方式排解压力。这里，我向大家推荐的是体育运动，尤其推荐效果更好的有氧运动。

由于拳击属于十分剧烈的运动，会导致人体分泌肾上腺素，反而会让人变得更加愤怒。因此，拉伸、瑜伽、走路、慢跑和游泳等运动会比较好。当我们做有氧运动时，体内会分泌一种能够提高情绪的激素——血清素，心情也会容易变得平静。

如果是因为睡眠不足引起的焦躁感，就要保证有充足的睡眠。我们要让自己的心情放松下来，想办法使自己感到愉悦。

女性如果因为疲惫而焦虑，可以去做按摩和美容。若不能悠闲地泡温泉，那就在自家的浴缸中加入喜欢的浴盐，好好泡一个热水澡，这也能让自己放松。

除此之外，我们还可以试着抽时间听自己喜欢的音乐，读自己喜欢的书。

如果喜欢开车，可以开车出去兜风，转换心情。

只要是适合自己的、自己喜欢的方式，无论什么都是可以的。

很多人由于工作太忙，总会把排解压力这件事延期，然而能够定期排解压力，不仅对提高工作业绩有所帮助，也会提升我们的幸福感。

因此，我希望大家在平时就思考一下各种排解压力的方式。例如，可以用30分钟排解压力的方式，需要花几个小时排解压力的方式，以及空出一天排解压力的方式等。

我会选择打高尔夫或者泡温泉的方式。在工作太忙、容易变得焦躁的时候，因为很难空出时间，就需要我们事先确定好休假时间及排解压力的方法。

寻找让自己安心的场所

在第1章中我们谈了有关心理安全的话题，对我们来说，有一个能让自己安心的场所是十分必要的。

在能让自己安心的场所，你不用伪装，以自己的本来面目与人相处，也有人会接受那样的你。这样的场所可以成为你心灵的支柱、生活的动力，会让你心生从容。

即使你有压力和焦虑，但由于有这样一个场所，自己便可以安心。

不只是职场，还包括家人、亲友、兴趣小组、学习社团、居委会等，同时属于多个团体的人应该不在少数吧。在这些团体中，是否有令你感到"这是我能安心的地方"的团体呢？

如果你没有一个能让自己感到安心的团体，可以试着去寻找。这样的场所会使你的情绪保持平稳，效果甚至会超出你的想象。

7 将愤怒
转化为动力

　　愤怒不一定只会带来负面的东西。由于愤怒比其他情绪具有更强的能量，也可以把它用于促使建设性行为发生上。

　　真正能够管理愤怒的人，不会被无用的愤怒所左右，而是能够将愤怒转换为可以促使建设性行为发生的动力。

　　例如，假设工作没有按照预想的进行，或者没有得到自己想要的结果，以及没有达成目标而受到上司的指责时，自己会因此感到焦躁不安。这个时候不要反复想为什么自己做不到而对自己生气，也不能认为上司的期望值太高而把原因推给上司。"咱们走着瞧，下次一定做出个样子给你们看看"，像这样激励自己，思考为了达到目标应该怎么做才是比较正确的。如果能这样想，就可以将愤怒转化为下次取得好结果的动机。

　　在学生时代，因为被别人认为是笨蛋而决意奋起；因为考试成绩不理想被老师、家长说教，觉得很不甘心，终于在下一次的考试中取得了优异的成绩。想必每个人都有过类似的经历吧。

因发明蓝色发光二极管而获得诺贝尔物理学奖的中村修二在一次采访中说的话至今让我印象深刻，他说："我发明的原动力是愤怒。"

愤怒也可以看作促使行动发生，取得好结果的动机。因此，绝不能断言愤怒就是不好的东西。

真正能够管理愤怒的人，能够将愤怒作为促使建设性行为发生的动力来使用。

希望大家可以了解愤怒的本质，妥善地处理愤怒。

☐ **愤怒管理中所指的愤怒**
- 是自己产生的一种情绪。
- 自己可以妥善处理。

☐ **所谓情绪传染**
- 情绪是可以传染给周围人的。

☐ **愤怒的源头和出口**
- 从有力的一方向无力的一方流动。

☐ **职权骚扰**
- 不仅限于上司对下属。
- 在特定环境下，更为有力的一方造成职权骚扰。

☐ **愤怒的矛头**
- 越是亲近的关系越强烈。
- 对亲近的人容易产生有恃无恐的情绪。

☐ **发怒的对象**
- 无法固定。
- 可能会对毫不相关的人撒气。

☐ **冲自己发火**
- 相当于自残行为。
- 自暴自弃地饮酒、暴饮暴食、购物上瘾也和自残行为一样。

☐ **为了在生活中不被愤怒所左右**
- 拥有一个可以让真实的自我安心的场所。
- 拥有除职场以外的社交。

☐ **愤怒不只是负面的**
- 能变成促使建设性行为发生的动力。

第 3 章

了解愤怒的构造

1 愤怒
是人类必要的一种情绪

愤怒是一种情绪的表现

愤怒对人类来说，是一种自然涌现的情感，是和快乐、悲伤等情绪相同的、非常重要的情感。可以说，愤怒也是一种情感的表现。

但正如我之前解说的那样，由于相比其他情感，愤怒具有更强的能量，所以要特别注意处理愤怒的方法和表达愤怒的方式。

也许有人会固执地认为"发怒是一件不好的事情""发怒是很不体面的行为"。然而我想说的是，发怒本身并不是一件坏事，但重要的是如何处理愤怒、表达愤怒。

为了能够妥善处理愤怒，让我们先来了解一下愤怒的构造吧。

愤怒是保证身心安全的必要情绪

愤怒被称为保护身心的一种情绪，也就是防卫情绪。人在自己的心灵和身体将要受到威胁的时候，会通过发怒去应对，这是人类的本能。

例如，当我们走出车站正准备下楼梯时，突然从身后跑过来一个人撞了你，眼看你就要从台阶上摔下去，你会怒喝一声"太危险了"吗？还有，当被人说了伤自尊的话时，你有没有感情用事呢？

除了想要维护自己的身心安全之外，我们在想要保护自己的权利、重要的人或者事物时，都会带着愤怒情绪。正因为如此，当我们感受到强烈的愤怒而大发雷霆的时候，有的人会不自觉地说出一些把对方彻底击垮的话语。

2 核心信念
会衍生愤怒

愤怒是自己产生的一种情感。

为什么会产生愤怒呢？这与自己的"核心信念"有关。

所谓核心信念，就是对自己来说不能退让的价值观、信条和自己相信的事物。

那么，如果用别的词语来表达核心信念这个概念，哪一个词语最合适呢？比较易于理解的是"应该"这个词语。例如，人们经常说"这种时候应该这么做""应该这样"之类的话语。当自己的核心信念被打破（即"应该"不再成立）的时候，人们就会产生愤怒（图3-1）。

这个核心信念涉及的范围很广泛。如果是职场的人际关系，就是下属应该怎么做、上司应该怎么做等。

如果是和就业、工作相关的话，就变成组织应该怎样，时间和职场规则应该怎样，或者女性/男性应该怎样等。

应该　　　差距　　　现实

| 应该遵守会议的集合时间 |
| 报告应该从结论开始传达 |
| 应该在24小时之内回复邮件 |

日本愤怒管理协会

图3-1　"应该这样做"被打破时愤怒就产生了

在各种各样的领域中都存在着这样的"应该"。而正是这个"应该"，成为自己产生愤怒的重要原因。

3 关于"应该"，
你需要知道的3个要点

在本章第2节中，我提到了当对某人来讲是"应该"的事物被打破时，就会产生愤怒。接下来，让我再给大家详细地解释一下吧。

对于"应该"，我希望大家了解以下3个要点。

要点1："应该"没有所谓的对错

由于不同的人持有各种各样的核心信念，不能说哪个人的核心信念是正确的或者不正确的。当自己的"应该这样"的想法没有实现的时候，如果我们使用了"一般""常识""理所应当""正确"之类的词语，也要特别注意了。

例如，"一般都会这么做吧""当然应该这样做吧""这是理所应当的""这一定是正确的"等，当我们一边说着这样的话，一边感觉自己带有情绪的话，请把这当作警告信号。

近些年来，价值观呈现出多样化的趋势。

在社会上多样性、包容性这样的词语也开始流行起来，将其作为口号的企业也逐渐增多。

所谓多样性、包容性，指的是"在推进多样化的过程中，为了让具有不同价值观的人一起愉快地工作，让人们相互包容而发挥作用"这样的思考方式。

自己的常识不一定和其他人的常识相同。自己认为理所应当的事情，对其他人来说不一定是理所当然的。

正因如此，我们允许各种各样的核心信念存在，"应该"是不分对错的。

要点2：不同的人对"应该"的把握程度也不一样

很多时候，我们会用一些模糊的词语来表达"应该"。

"应该认真做报告。"

"应该好好地计划。"

"应该更主动地开展工作。"

"应该站在对方的立场上思考和行动。"

"应该真诚地对待顾客。"

我们经常能听到有人这样说。

然而，"应该认真做报告"中，什么程度的"认真"才算是"认真"呢？

还有，"应该站在对方的立场上思考和行动"是以什么样的行动作为标准呢？大部分情况下，不同的人的理解程度也不一样。

因此，自己理解的"认真"和对方理解的"认真"往往会产生差异，很多时候也会因此引起更大的麻烦。

要点3：根据时代和环境的不同，"应该"也在变化

我们经常会听到工作方式改革这个说法，而与工作方式相关的价值观也随着时代的推移发生着变化。

例如，我在作为新员工进入公司的那个年代，大家还将"应该用腿去跑业务""下属不应该比上司早回家""女性应该有育儿假""有客人来的时候，应该先由女性来接待"等这样的"应该"当作理所当然的事情。

然而近年来，以前的思考方式已经不能称为普遍的思考方式了。

时代不同了，"应该"也不一样了。

例如，即使上司认为由新员工"代传电话是理所当然的"，对于不怎么使用固定电话的年轻员工来说，已经不认为代传电话是理所当然的事情了。

即使给新员工讲"重要的地方要做好笔记"，但与用纸和笔记录相比，认为用平板电脑或者智能手机拍照就相当于"做笔记"的人也不在少数。

时代发生了变化，大家对于"应该"的理解也发生了变化，想必大家已经有基本的印象了吧。

更有甚者，由于录用了有工作经验的员工以及企业并购等原因，大家因工作环境不同而产生的隔阂也越来越多。

<企业合并的事例>

在合并后的某家企业中，当日本本土企业和外资企业合并的时候，在公司董事会上就是否需要事先沟通发生了争执。

外资企业认为在董事会上如果想向董事们提出任何建议，不用进行事先沟通，而这家历史悠久的日本企业却认为，一般情况下，在董事会上提建议之前应该与每一位董事商量自己的建议，事先斡旋才对。"为什么不能提前告知建议呢？"日本企业和外资企业的员工就这个问题争论不休。可以说这是典型的由于组织文化不同，引起对"应该"理解不同的例子了吧。

<录用有工作经验的员工的事例>

在拥有大量正式员工的某企业中，常有"以前在我们的组织中，关于这样的工作一般这样处理""通常应该这样在期限前设定检查时间""即使快到期限了，只要能赶上不就可以吗"等对话。

有时候由于一些琐碎的事情，老员工与新招进来的员工因"应该"发生了碰撞而无法顺利做出决定。也不能说哪一方是正确的，由于以前工作的企业文化、环境等不同，这样的价值观分歧无论如何都是难以避免的。

无论有什么样的"应该"都是可以的，然而自己认为的"应该"不一定就是正确的。即使标榜相同的"应该"，期待的程度也是不一样的，时代、环境和年龄的差异造成了"应该"的不断变化。

如果很多人不理解上面的话，就有可能会被不必要的愤怒所左右，进而发展成更大的麻烦。希望大家能记住这一点。

4 愤怒 产生的3个步骤

前面我们说了，愤怒是由于自己所持有的核心信念（"应该"）没有如愿，而被打破时所产生的一种情绪。在这里，让我们来整理一下愤怒产生的3个步骤吧（图3-2）。

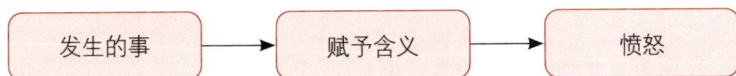

| 发生的事 | → | 赋予含义 | → | 愤怒 |

图3-2　愤怒产生的3个步骤
注：本图来自日本愤怒管理协会。

当我们经历一些事情的时候，对于那些发生的事情，我们会用自己的核心信念为其赋予含义。

根据对所发生的事情赋予的不同含义，有的人会感觉到愤怒，而有的人却完全感觉不到任何愤怒。而且，即使大家同样都感觉到了愤怒，愤怒的表现程度也各有不同。

例如，我们来看一个和职场年轻员工打招呼的例子。

假设有一个职场的年轻员工，一边敲着电脑键盘，眼皮也不抬一下，一边用自言自语般的声音和你打了声招呼。在这种情况下，如果你有"作为前辈的我和你打了招呼，难道你不应该停下手里的工作看着我，用我能听见的声音大声地回应我吗"这样的核心信念，一定会很生气吧。

"为什么用那么没有礼貌的方式和我打招呼呢？"你越这样想就越应该会生气。

而另一方面，"他也许正在查看邮件吧，只出个声儿就可以了"，如果是这么想的人，就不会感到愤怒。

虽然是一些琐碎的事情，即使经历的事情相同，由于每个人的核心信念不同，对于小事接受的方式、感觉的方式也会有差异。有的人会生气，有的人不会生气，生多大的气也会因人而异。

正如第2章所说，并不是别人或者别的事情惹我们生气，我们如何用自己的核心信念给发生的事情赋予含义，才是决定我们是否会生气的关键，而这是因人而异的。

能够与自己的核心信念和谐相处，是愤怒管理中非常重要的一环。

5 愤怒的背后潜藏着多种情绪

愤怒的背后是不安、担心、悲伤、空虚等情绪

愤怒是第二层次的情绪。

这是什么意思呢？也就是说在愤怒这种情绪背后隐藏着其他负面情绪。不安、担心、困惑、恐惧、悲伤、空虚这样的负面情绪被称为第一层次的情绪。

在愤怒这个第二层次的情绪中，隐藏着刚才所说的第一层次的情绪。我们用冰山造型来表示会比较容易理解（图3-3）。在水面上能看到，冰山下隐藏着更多的冰块。同样，在愤怒这个第二层次情绪的背后，隐藏着第一层次的情绪。

让我来举个例子说明一下。假设一个下属总是犯同样的错误，这个时候我们可以想象一下上司对下属发怒的情景：

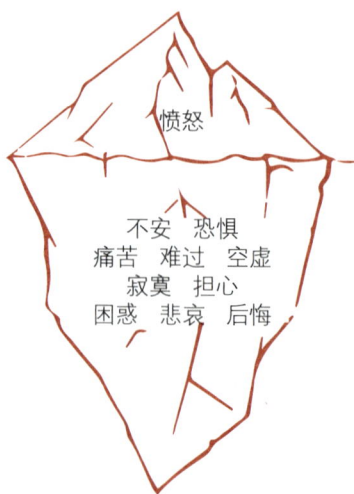

愤怒

不安 恐惧
痛苦 难过 空虚
寂寞 担心
困惑 悲哀 后悔

图3-3　愤怒的冰山下隐藏着各种各样的情绪

注：本图来自日本愤怒管理协会。

"为什么总是犯同样的错误，要我说多少遍你才会明白"。

我希望大家明白上司表现出的愤怒情绪背后隐藏着第一层次的情绪。

第一层次的情绪会因人而异，有的人会觉得"总是犯相同的错误，让我十分困惑""满怀诚意地教他，却让我的努力白费了，好伤心"，但也有人会认为"这样下去的话我还能把重要的工作交给他吗，非常担心"。

如果我们能把悲伤、后悔、寂寞这样的情绪（第一层次情绪）坦诚地表现出来就好了，但由于愤怒这种情绪所带有的能量是巨大的，很多人就会在不知不觉中用愤怒的情绪代替了第一层次的情绪。

如此一来，对方要么会畏惧，要么会反击，而真正想要让对方知道的事情，却没有表达出来。

另一方面，如果我们能坦诚地将第一层次的情绪表达出来会怎样呢？

"如果你总是犯同样的错误，下次我还能把重要的工作交给你吗？这让我感到十分不安。"

"如果你总是犯同样的错误，就连我也不知道今后该如何指导你才好了，我现在非常地困惑。"

如果对下属这样说，那么下属也会了解领导的想法，从而开始反省自己，或者更容易接受上司所说的话。

谈话时言辞变得激烈的事例

这是发生在某位男士身上的事。当时他正在和部长以及一位上司面谈半年来的业绩考核，在此过程中突然有人的言辞变得激烈起来。

这位男士半年来一心一意地努力工作，本以为会得到领导较高的评价，然而部长给出的评价却很低。因此，他突然间就生气了，顶撞上司："为什么给我这么低的评价！"

这个时候，稍微有些急脾气的上司也按捺不住怒火说："你这是对我的评价有意见！"这名员工又反驳道："这大半年来我可是尽心尽力地工作了！"最终面谈变成了非常惨烈的"车祸现场"。

当他找我来咨询时我问他："那个时候你是带着什么样的第一层次情绪去和领导谈话的呢？"他回答道："迄今为止我一直都觉得领导对我的评价很不错，没想到这次居然给了我这么低的评价，这让我觉得非常难过，我今后该怎么办才好呢？"

而当他了解了愤怒管理的思考方式后，又回过头去审视自己当时的态度和语气，终于承认如果当时能够像"迄今为止我一直在努力地工作着，您却给了我这么低的评价，这让我觉得非常难过""我工作一直都很努力，但看到这样低的评价，我非常伤心"这样说就好了。

向对方传达"本希望你能这样做""现在我是这样感觉的"

目前为止，我们聊了当自己的"应该这样"的想法被打破时，就会产生愤怒的话题。

当我们感觉到愤怒的时候，如果要用语言表达，我建议大家将"应该这样"换成"我（本）希望你能这样做"以及"因为你没有做到，我现在是××的心情"这两种表达。

以刚才和上司面谈的例子来说，就能换成下面这样的说法。

"这半年来，我觉得我的工作取得了预期的成果。因此，我希望您能做出符合我工作成果的较高的评价。您能告诉我为什么评价这么低的原因吗？坦白地说，我感到非常的困惑。"这样说不仅不会让对方感到不快，还能够表达出自己的想法。

面对总是犯错的下属，上司也可以换成下面这样的说法。

"即使是小错误，由于经常犯，也会影响到后续工作的按时完工。"

"提交给客户的资料中，即使出现非常细小的错误也会让客户对我们产生不信任感。因此，我希望你在向客户提交资料之前进行反复确认。如果你总是犯这样的错误，我就要考虑下次是否还要把重要的工作交给你来做，因为你让我很担心。"

如果明白了愤怒的构造，在你感觉到愤怒的时候，就会逐渐明白如何向对方表达才是合适的。相反，当别人向你发脾气的时候，你也会明白对方的第一层次情绪到底是什么。这样一来，就不会被自己的愤怒和别人的愤怒牵着鼻子走了。

领导应该具有倾听力和共情力

就阅读本书读者的年龄层来说，大家都有过听下属或者周围的人发牢骚、聊天谈心的经历吧。

"和我一起工作的那个人什么都不干！净让我一个人承担！"

"客户总是提一些不近情理的要求，被迫打了一个多小时的电话，真的让我很难办啊。"

当别人向你倾诉这些的时候，你是怎么回答的呢？

如果能明白对方愤怒的背后隐藏的情感，就会用"那确实挺不好办的""那真是挺麻烦的"这种带有能够理解对方愤怒背后的第一层次情绪的、具有共情的话语来接受对方的抱怨吧。而对方如果能从你这里得到理解的话，也会觉得"这个人能理解我的心情"，从而感到安心。

不要敷衍对方

对于那些跟你发牢骚的人，也许有时候你有必要给出一些建议，但需要注意以下问题。

如果你在把对方的话听完之前，就给出了建议，那么对方可能会认为你好像不能理解他的心情。

在很多情况下，女性下属对于上司会抱有"希望能理解我的心情"这样的愿望。

在这种情况下最差的反应就是"然后怎么了"这样的反问，或是"你不是有问题吗"这样的说法。虽说很多人知道不能用那样敷衍的方式应对，却总会附和着"行啦行啦"，想要草草收场。

对于正在生气的人请不要丢给他们敷衍的话语。

因为这样做会让对方产生"这个人对我的事情一点也不关心""我的事情无论怎样都无所谓"的感觉，有时候这会成为双方信赖关系破裂的主要原因。

当人发怒的时候，内心会变得非常敏感。正是在这样的时候，希望管理者们要试着一边去了解对方的第一层次情绪，一边倾听对方的话。

- ☐ **愤怒**
  - · 是一种情绪的表现。
  - · 是用于保护自己的防卫情绪。
- ☐ **产生愤怒**
  - · 是自己自身。
  - · 当核心信念（"应该"）被打破的时候。
- ☐ **核心信念**
  - · 没有对错。
  - · 程度因人而异。
  - · 随着时代和环境而变化。
  - · 随职场环境而变化。
- ☐ **愤怒是第二层次的情绪**
  - · 愤怒的背后潜藏着第一层次的情绪。
  - · 第一层次的情绪指的是不安、担心、困惑、恐惧、悲伤、空虚
    等情绪。
- ☐ **为了表达愤怒的心情**
  - · 坦诚地表达第一层次的情绪。
- ☐ **当别人向自己发火时**
  - · 试着去了解对方的第一层次情绪，抱着倾听的态度。
  - · 如果能知道对方的第一层次情绪就会产生共情。

第 4 章

愤怒管理的实践

1 愤怒管理的 构造和分类

应对愤怒的方法和改变易怒体质的技巧

愤怒管理是为了更好地与愤怒相处的一种心理训练。

现在我就为大家介绍一些掌握愤怒管理的有效的训练方法。只要我们在平时坚持训练，就能成功地管理好自己的愤怒情绪。

我将愤怒管理的训练模式分为应对方法和改变易怒体质两个方面（表4-1）。

应对方法指的是为了不让自己因为愤怒而做出冲动行为所需要的方法。也就是说，在暴怒的时候为了不任由怒火中烧，说出难听的话、做出暴力的举动而采取的措施。

改变易怒体质指的是由于长期采取对策而使自己变得不易发怒的具有改善意义的训练。

表4-1　愤怒管理的训练模式

应对方法	改变易怒体质
· 将愤怒用数字形式表示出来（定量化技巧） · 想象让自己心安的事物（重复效应） · 按顺序数数 · 停止思考 · 深呼吸 · 使用五感"着陆" · 增加表示愤怒的词汇	· 记录愤怒 · 本着解决问题的态度进行愤怒管理 · 试着区分能够改变的和不能改变的事物 · 采取有建设性的行动 · 不为无论如何都解决不了的事情烦恼

忍耐6秒钟

虽然有各种各样的说法，但一般认为，愤怒产生后为了让理性发挥作用，需要6秒钟左右的时间。当你怒火中烧的时候，不是任由愤怒蔓延，做出冲动的行为，如果能忍耐6秒钟什么都不做，你就可以避免针锋相对的局面。

愤怒是一种具有很强能量的情感，你可以巧妙地使用技巧来应对。

让我们通过"应对方法"和"改变易怒体质"的训练来妥善地处理愤怒吧。

2 训练模式①
——应对方法

将愤怒用数字形式表示出来（定量化技巧）

我先从忍耐6秒钟的应对方法来介绍吧。

定量化技巧指的是将愤怒用数字形式表示出来的方法。也就是一旦感觉到了愤怒，你可以在头脑中将愤怒的程度用0~10分表示出来的方法（表4-2）。

表4-2　给愤怒打分

0分	完全感觉不到愤怒的状态
1~3分	马上就能忘掉的轻度愤怒
4~6分	即使过了一段时间仍烦躁不安的愤怒
7~9分	强烈愤怒
10分	绝对不能容忍超强愤怒

"这个是3分还是2分？"

当你有意识地在头脑中给愤怒打分的时候，就不会做出因愤怒而冲动的行为了，这就是给愤怒打分的目的。

即使经历了相同的事情，给那时候的愤怒打几分也是每个人的自由。有人打5分的事情，也许对于别人来说不到1分，请按照你自己的标准来打分。一旦感觉到愤怒，就有意识地去打分。这是马上就能够采取的措施。

如果能坚持这样做几个月，就能逐渐理解当自己面对什么样的事情时会感觉到何等程度的愤怒，从而认清自己愤怒的倾向。

大多数人倾向于从"生气了"和"没有生气"里做二选一的判断，也希望大家能够逐渐明白"现在是1分左右的愤怒""这个大概到了5分程度的愤怒了"，愤怒的程度是多种多样的。

有一家企业通过让所有员工采用这个方法，使原来不太愉快的职场氛围得到了改善。

曾经在电话里被客户提了无理要求，挂断电话后叹了口气，忍不住破口大骂的人，现在小声嘟囔着："刚才的电话让我愤怒的程度是6分。"

开会时自己的意见突然被别人反对，曾经表现出愤怒情绪的人，现在却冷静地表示："刚才的发言让我愤怒的程度是3分。"

通过使用这个方法，职场中逐渐能听到员工的笑声，也出现了"为什么给刚才的事情打6分"这样轻松的对话。通过把以前不愉快的反应置换成数字，职场的氛围也一下子变得欢快起来。

除此之外，对自己来说打1分的愤怒，为什么别人会对此给出3分或4分呢？为什么愤怒的程度会因人而异呢？员工通过相互询问、交谈，能够增加彼此的交流和了解，职场的沟通氛围也因此活跃起来。

如果给愤怒打分能够成为员工之间交流的共同语言，那就再好不过了。

想象让自己心安的事物（重复效应）

当你怒火中烧的时候，还有一种应对方法，那便是在头脑中想出一些能够对付愤怒的、让自己心安的词或者语句，并把它们说给自己听。只要是在感觉到愤怒时能让自己心安的话，无论什么都没有关系。

比如我们经常会听到的"一定会有办法的""没关系"

之类的话语。有的人如果脑海中能浮现出自己宠物的名字和样子，心情就会变得平静；有的人会使用"除了生死，其余都不叫事儿"这样的话语来安慰自己；还有人只要一想起自己喜欢的食物，心情就会平复下来。

只要是一想起来就能让自己微笑的事物就可以。

由于在发怒的一瞬间很难会想到能让自己平静下来的事物，所以事先做好预案是个不错的办法。

按顺序数数

按顺序数数指的是在感觉到愤怒的时候，为了忍耐6秒钟而数数的方法。

可以按顺序数，而更多的人是无意识地、被动地去数。然而，一边感觉到愤怒一边被动数数是没有任何意义的。因此，我们可以设定一个需要稍微思考、计算一下才能数下去的方式。

例如，从100开始，按"100，97，94…"连续减3，像这样需要在头脑中稍微计算一下才能数下去的方式等。

当感到愤怒的时候，请你将注意力转移到自己所设置的数数方法中，忍耐6秒钟。这个方法虽然非常简单，但是应对愤怒很有效。

停止思考

停止思考指的是在感到愤怒的瞬间，对自己说"停"。

虽然是一种非常单纯的方法，但却可以用来阻止被愤怒冲昏头脑的行为发生。

感到愤怒的瞬间，你可以在脑海中浮现出一张白纸，让头脑一片空白也是停止思考的方法之一。例如，你正在用电脑工作，突然看到了一封让人非常恼火的邮件。曾经有一位在证券公司工作的员工对我说，他会事先准备好一张能够把电脑屏幕覆盖住的白纸。当看到让人恼火的邮件时，他就会拿出准备好的白纸盖住电脑屏幕，让电脑画面"变白"。他通过这种方式来避免被愤怒冲昏头脑的行为发生，能够重新调整自己。

这个方法做起来非常简单，请大家一定尝试着做一下。

深呼吸

当你感到愤怒的时候，试着进行深呼吸，这也是一个十分有效的方法。

人们在感到愤怒的时候，自律神经中的交感神经就会占据优势。做深呼吸的好处在于让副交感神经重新取得优势地位。通过这样的方式，人们便能让内心恢复平静。

至于深呼吸的频率，每分钟4～6次，从吸气到呼出间隔10～15秒即可。

在培训的时候我经常会告诉大家："用4秒吸气，然后用8秒左右缓慢地把气息呼出。"

由于时间过短的深呼吸没有什么意义，用4秒左右缓慢地从鼻腔吸气，然后用大概8秒的时间从嘴里呼出。呼气比吸气时间长，心情就会变得平稳。而且，我们花时间做深呼吸时，会让自律神经中的副交感神经处于优势地位，情绪也就容易安定下来。

到目前为止给大家介绍了几种方法，这个方法最容易，只要你能选择一个自己认为容易做到的方法去实践就好了。

和减肥一样，健康地减轻体重这个目标是相同的，但具体使用什么样的方法却因人而异。

同样道理，即使想避免发生因愤怒而冲动的行为这个目的是一样的，但对所有的人来说，什么样的方法才是最好的也各不相同。

请大家从我介绍的这几种方法中选择一个容易执行的方法去尝试，并养成习惯吧。

使用五感"着陆"

当怒火喷涌而出的时候，有的人很容易将其变成根深蒂固的愤怒，对于那样性格的人，我推荐用正念减压法来让自己"着陆"（平静）。这就是将意识集中于"现在"，将注意力从愤怒转移到别处的技巧。

我们都有五感（即视觉、听觉、嗅觉、味觉、触觉）。那么在愤怒涌出的瞬间，我们可以将注意力集中于诸如身边的气味等。

由于五感中最有影响力的是视觉，所以我们可以试着去眺望远方，或者仔细观察一下身边的事物。

无论何时都抱有很深怨气的人，会时刻处于一种所有的神经都朝向愤怒的状态。"为什么那家伙会说出这种话，真让人生气。""人事部门怎么能录用说出那种话的人，太不可思议了。"像这样，这类人所有的意识都集中于感到愤怒这件事，将自己置身于愤怒的旋涡中，甚至还有人会想起过去发生的不愉快的事。

让我们改变上面的做法，"现在不是考虑那种事情的时候""不是闷闷不乐的时候""不是焦虑的时候"，如果能这样调整自己的心态，那么愤怒的情绪就会逐渐平息。

增加表示愤怒的词汇

在培训中，当我问大家"都有哪些词语能够表达愤怒的状态""平时在生气的时候，都会使用什么样的语言"时，很多人都回答不上来。即使能说上来，多数人也就能说出三四个词语。也就是说，大多数人经常会使用相同的词语来表达愤怒。

愤怒本来是一种有幅度的情感。在本章中，我给大家介绍了将愤怒用数字表现出来的定量化技巧。一旦打了分，我们就应该能理解愤怒是一种有幅度的情感了。

令人感到意外的是，很多人表达愤怒的词语总是一成不变。

如果你所拥有的表达愤怒的词汇很少，就无法将愤怒充分地表达出来，容易演变成带有攻击性的表达方式。在那次培训中，我让在座的各位回顾了自己在感到愤怒时经常说的话语，结果发现有一位20多岁的男性只会说"气死我了"，而另一位30岁左右的女性只会使用"太不可思议了"这样的话。

实际上能够表达愤怒的词语有很多，如不爽、焦躁、生气、发火、怒气冲冲、怒不可遏、怒火中烧、愤慨等。

"现在符合自己愤怒程度的表达是什么""如果要表达现在的心情，会想到什么样的词语"像这样，希望大家在日常生活中提高对语言的灵敏度。

我还推荐大家试着在自己的心中实况转播自己内心的动向。例如，"突然被朋友取消会面。那一瞬间觉得怒不可遏。这已经是第二次了，与第一次被取消会面相比，与其说是'不爽'，不如说是一种愤怒感从内向外涌的感觉，所以应该是'令人气愤'这种说法更为合适吧"。像这样，如果能增加认真面对语言的机会，不仅会扩大自己的词汇量，在感到愤怒的时候，你会更容易找到最恰当的表达方式，也会更容易向他人表达自己的情绪，所以我向大家推荐这种方法。

3 训练模式②
——改变易怒体质

记录愤怒

记录愤怒指的是养成感到愤怒时把它记录下来的习惯。为了掌握愤怒管理，这是一项我特别想要让大家优先进行的训练。

具体要记录什么呢？主要包括时间、地点、发生的事情、当时的想法和愤怒值5点（表4-3）。

表4-3　记录愤怒的具体例子

时间	2月20日
地点	职场
发生的事情	下属提交的策划有好几处错字、漏字，甚至连客户的公司名都写错了
当时的想法	在提交策划之前应该反复核对确认 不应该把客户的公司名字写错 为什么不核对确认呢
愤怒值	3分

记录的模板可以自己做，也可以用自己准备的专用纸来写。

记录愤怒时的注意事项有以下3个：

①现场记录；

②一旦感觉到愤怒，在还没忘记之前记录；

③写的时候不要进行分析。

特别是第3个注意事项，你越思考愤怒的原因就越愤怒，在不知不觉中就会被这些问题所困扰而变得郁郁寡欢。你需要等心情平复下来之后再进行分析。首先记录下感到愤怒这件事，请大家以这样的心态进行记录。

如果能坚持这个习惯，你就会逐渐明白自己愤怒的模式。而且，在记录的过程中，你还可以俯视自己的愤怒，不是将自己置身于愤怒的旋涡之中，而是可以从客观的角度去面对愤怒。

每个人表现出来的愤怒模式都不一样。例如，在工作场所产生的愤怒更多，会对自己指导的下属发脾气，与下属相比更多地会对上司产生愤怒感，等等。

还有对父母、孩子、伴侣等家人发怒的现象，即使是发火的对象也会因人而异。

还有人注意到自己会在每天上班的电车上焦躁不安。

有一位50多岁的男性记录的几乎所有的愤怒项目都是对年轻人发火的内容。还有人记录了对不遵守公共道德之人的谴责、对不守时之人的愤怒、对让自己等待这件事的愤慨。

像这样，随着记录下来的愤怒的增加，你就会逐渐明白自己愤怒的模式是怎样的。如此一来，当感觉到同样的愤怒的时候，瞬间就能够去反省自己。

只是有一点需要注意，我们并不是为了发泄愤怒情绪才做这样的记录。

请大家平静地记录下什么时候在哪里发生了什么事，以及当时所想和愤怒值这样的内容。

如果在纸上写出来很困难，也可以打在手机里，或者使用自己专用的电脑。

试着记录愤怒的过程是非常重要的，请大家自由地做记录。

本着解决问题的态度进行愤怒管理

在这个世界上，有很多事情并不能随我们所愿，因此而焦虑的话，不但解决不了任何问题，还会不断地让愤怒和压力越积越多。愤怒管理是以解决问题的态度为基础的，让我们来整理一下吧（表4-4）。

表4-4　愤怒管理

能改变 能控制	无法改变 不能控制
重要 马上处理 · 愤怒到什么时候为止 · 改变到什么程度才满意，制订计划去处理	**重要** 接受"无法改变" 寻找实际的选项
不重要 有余力的时候再处理 · 愤怒到什么时候为止 · 改变到什么程度才满意，制订计划去处理	**不重要** 不用在意 放任不管 不用关心

注：本表来自日本愤怒管理协会。

让我们来看清楚自己现在感觉到的愤怒处于表4-4中的什么位置。判断自己通过一些行为能否控制这个状况，能否改变现状，以及这件事情对自己是否重要。

人的性格是无法改变的，虽然根据事情不同也许可以控制情绪，但无论自己采取什么行动也无法控制的事情，比如，"职场中有一些对下属实施高压政策的令人讨厌的上司""想改变别人的性格""对于公司的制度，总感到很焦虑"等，是很难一下改变的。即使很讨厌客户方的负责人，有时候可以更换负责人，有时候却很难改变负责人。

如果大家都知道"世界上有很多用自己的力量无法控制的事物"，应该就不会发那么大脾气。

最容易理解的就是与大自然相关的事物了吧。例如，你想在夏天最酷热的时候出去旅行，却遇到了台风。如果我们能想"这样的事即使焦虑也没有办法呀"，即便多少会有点生气，也没有必要发很大的脾气。

如果不能改变现状，而且是一些不重要的场合又该怎样做呢？例如，"早高峰时拥挤的电车""便利店员的服务态度很恶劣"之类的事情，我们应该对此"不必在意，不用去管"。

自己遇到的事情属于哪一种类型，归根结底要自己来判断，即使和其他人不一样也没关系。

能够看清自己是非常重要的。对自己没有清晰认知的人总会觉得"为什么会发生这样的事情"，为一些无法改变的事情发很大的脾气。

试着区分能够改变的和不能改变的事物

当下属反复犯同样错误的时候，领导该怎么办呢？

如果你认为通过自己的耐心指导、制订指导计划并去实施，下属的能力就会提高，从而发生改变，那么你就去制订行动计划。

如果你认为自己可以改变下属的状态，那么请试着立刻让自己将注意力集中于制订行动计划并实施这件事上。试着制订包括计划的起止时间、以什么样的顺序进行指导、花费多长时间等内容的详细的行动计划并开始实施吧。

然而，如果你感觉以这个人的能力很难做得更好，或者从性格上来说，已经没有办法与下属沟通了的话，就要将此事判断为无法控制的事情。然后分清楚这件事的重要程度。当你认为这件事不重要的时候，此时的愤怒就属于必须要放手的愤怒。因此，就请你不要再过分在意此时的愤怒了。如果认为这件事虽然无法控制但很重要，你就要做出"接受这个无法改变的现实"的判断。在接受这个现实的基础上，为了避免因为这件事情更加愤怒，请试着考虑自己能够做的事情。例如，你可以重新考虑团队成员工作的分配，建立将影响控制在最小范围内的备份机制等。

采取有建设性的行动

下面给大家介绍一件我亲身经历过的在飞往日本成田机

场的飞机客舱里发生的事情。

受到早晨降雪的影响，日本成田机场的一条跑道被迫关闭，按照着陆顺序等待的飞机在天上盘旋了将近1小时。这期间有乘客因为飞机无法按预定时间着陆而发脾气。

机舱内，飞行员已经将机场的情况向乘客进行了说明，并表达了歉意，每位空乘人员也分别向乘客道歉。然而，还是有人不断将怒火发泄到空乘人员身上。

在经济舱中有一位男性一直在大声发着牢骚："为什么还不着陆？为什么还在盘旋？之前没听说会这样啊！"虽然空乘人员很理解他着急的心情，但即使对着空乘人员怒吼撒气，也不能让他早点儿下飞机。

由于我的朋友需要继续转机，于是和空乘人员友善地商量，从容地让空乘人员帮忙办理相关的手续。如果无论如何都赶不上时间了，与其一直抱怨、发牢骚，不如考虑怎么做才是最好的方案并采取行动，这样才是更有建设性的做法。

如果因为自己无法控制的事物一直发怒的话，最终只会导致怒气越来越大，压力也不断增加，结果什么也解决不了。而且由于愤怒，你会无法冷静地做判断，反而会将愤怒传染给周围的人。

如果将自己置身于愤怒的旋涡中，就会看不清自己现在必须要做的事情是什么。若通过自己采取的行动能够改变现状的话，那么最好不要一直生气，而是马上行动起来。另外，我们也要及时看清这件事对于自己的人生是重要的还是不重要的。很多人总会为了一些鸡毛蒜皮的小事而大动肝火。尤其是那些容易被愤怒所左右的人，这种倾向更明显。

不为无论如何都解决不了的事情烦恼

在客服中心负责接待投诉的工作人员中，有一位员工每天祈祷着"千万别打来投诉电话"。然而，只要身处职场，投诉电话就不可能没有。这就是无法控制的事情。

我曾经问那位员工："你为什么会这样想呢？"那个人回答："因为每次打来投诉电话的通常是些不讲理的顾客，他们很生气导致我的处理时间也会变得很长，工作压力很大。我希望能处理一些不会产生压力的、短时间就能完成的投诉。"

于是我奉劝他："对你来讲，如何能缩短投诉电话的处理时间，使处理变得更加顺畅呢？你可以去请教优秀的职场前辈，让他们来指导你，也可以事先确认好当遇到以自己的水平无法处理的投诉时，谁可以接替你进行处理。有时候，你也可以尝试在团队中提议新的处理机制等。总之，改变行动才是你应该优先考虑的事情。"如果不这样做，那么当电话打来的瞬间你就只会一味地陷入负面情绪。

如果能积极地考虑应对方案，尽快行动起来，我们就会大大地减轻多余的愤怒。希望各位能够意识到这一点。

4 摆脱
恶性循环

　　我们有时候会无意识地让自己陷入一种无限反复的模式中。

　　我曾经在以怎样预防职权骚扰为主题的培训中，让在座的人写下自己平时在训斥下属或者年轻员工时经常说的话。由于很多人当时是无意识地发泄愤怒，一旦让他们有意识地回想，会发现有很多人使用诸如"为什么要这么做""为什么不改正"，或者"你都干了什么"等语气非常强硬的句子。同时，我还让大家回顾自己发怒时通常采取的行动。有的人会指着对方破口大骂，有的人会将双臂抱在胸前并表现出一副盛气凌人的样子，还有的人气得敲桌子，更有甚者会朝对方扔东西。

　　在日常生活中，有的人会在送孩子出门上学之前一直唠叨个不停。例如，父母早晨经常对着孩子说"快点儿收拾东西""快点儿吃饭""自己连收拾都不会吗"等。有的人会在每天早上开启唠叨模式。

如果因为自己无意识的言语和行动将对方彻底击垮，或者自己想说的话一点儿也没有表达清楚的话，就有必要开始注意这种无意识的行为了。

要改变长久以来根深蒂固的习惯，需要耗费很大的能量。因此，我们无法指望一下子将所有行为都改变，而是要有意识地改变，哪怕只能改变一点。

例如，如果你想要停止使用粗暴的话语，就要用别的话语代替这样的话。试着将马上要说出口的"为什么"换成"你认为怎么办好呢""让我听听你的想法"，像这样，自己可以有意识地尝试先从能够改变的事情做起。

为了打破恶性循环模式，从平时就开始适应变化也是非常重要的。

让我们试着想一想自己每天早上起床后习惯做的事，即自己无意识的行动。喝水、打开电视、上班的时候每天走同样的路、乘坐同样的电车、每天早上去同一家咖啡店、点同样的菜单等，难道我们不是每天都在做着这些循规蹈矩的事情吗？

从这样的行为中选择一个行为，有意识地去改变并逐渐习惯这种改变吧。例如，早起喝水时，试着将喝水的行为变成喝茶的行为；每天早上打开电视看相同节目的人，试着看看别的节目；尝试走与平时不同的路线去上班。像这样，如果习惯于打破常规模式的话，我们就可以为打破愤怒模式做预备练习。

突然改变自己养成很久的习惯，无论是谁都会产生抵触情绪。然而，如果平时就习惯于打破这种无限循环的模式，我们就会很容易改变愤怒时无意识发脾气的模式。

5 要分清
事实和主观臆断

试着写出自己的核心信念

在第3章中我向大家介绍了愤怒的根源在于自身的核心信念（"应该"）。

辨别核心信念（"应该"）到底是自己主观认为的东西还是客观事实也是训练的内容之一。

为了分清事实和主观臆断，我们从写出自己的核心信念这项作业开始。一旦我们记录下自己的愤怒，就会了解自己的核心信念是什么，所以我推荐大家可以像记录愤怒一样记录自己的核心信念。在这个过程中，我们会逐渐意识到，"应该这样"的核心信念对于自己来说是理所当然的，然而实际上并非如此。

我经常从管理人员那里听到"现在的年轻人连作为社会

人理所当然的事情都做不到"这样的话。例如，在50多岁的部长级的男性中，有人认为"社会人一般都会经常阅读报纸"，然而事实却不尽然。

现在的年轻员工也许不会从报纸上获得新闻和信息，他们可能是从各种各样的新闻应用软件上获得信息。

如果认为自己"应该这样"的核心信念是正确的，就会愈加感到愤怒。越是认为这是常识、事实，当对方不如你所期望时，你就越容易说出"一般应该这样做吧""这难道不是理所当然的吗"之类的话，从而逐渐变得强势起来。

然而交流的目的并不是将自己所谓的正义强加给别人，让对方明白、相互理解才是交流的目的。如果你不能经常通过反问自己是否将主观臆断的事情强加给别人来反省的话，就会弄错交流的目的。希望大家今后遇到类似的麻烦能越来越少。

应该重新审视核心信念的事例

对于自己固有的核心信念，有时候也有必要去重新审视。

有的人经常听父母说："如果上不了好大学，进不了好公司工作的话就不会幸福。"然而事实证明，即使没有到所谓的好公司就职，我们也会获得幸福。有的人通过自己创业，依靠自己就把公司做大了。

这个世界上所有成功的人并不是都上过好大学，或者在好公司工作过。

有一位50多岁的男性坚持认为男人应该在30岁之前结婚。"如果不结婚，感觉自己就不会被社会认可，"他说："因此我会要求下属不管怎样，30岁之前都必须结婚。"

在以前日本金融相关企业中，由于不早点结婚建立家庭的话就不会被客户信赖，所以经常会听到应该趁年轻结婚之类的话，即使现在也有人持有这样的核心信念。然而，不结婚的人是否就无法被社会信赖呢？这是无法判断的。

认为30岁前必须结婚，是一种自以为是的核心信念，一直坚持这个信念就会束缚住自己。因此，时常反省自己认为别人"应该"做的事是否只是自己的主观臆断是非常重要的。

核心信念也不一定总是只朝着不好的方向发挥作用。每个人的处理方式不同，结果也不一样。

我们小时候一直被灌输"做什么事都应该全力以赴"，有的人就会在各种事情上都拼尽全力。如果因此取得了好的结果而得到满足的话倒也罢了。然而，如果演变成对于任何事情都要求绝对完美的话，就会变成一种执念，让自己变得痛苦。

当你感到痛苦的时候，有必要去反省一下自己从小被灌输的价值观。有的时候不用那么努力也是可以的，如果能和适用于自己的核心信念和谐相处的话，就再好不过了。

记录成功经验

记录成功经验指的是记录哪怕是很小的成功体验。

我在培训中为了提高大家的自信心，除了成功体验，还曾经让大家写下过迄今为止自己一直努力的事情、成功做到的事情、擅长的事情。然而让我感到意外的是，很多人竟然无从写起。

在这种时候我一定会传达给大家记录的条件是不和别人比较。例如：

- 擅长做PPT。
- 使用Excel很拿手。
- 在数字方面有优势。
- 很会照顾下属。
- 拥有对任何事都很诚实、努力的性格。
- 知道某地区的好店。
- 学生时代练过田径，所以走路很快。

- 因为喜欢露营所以擅长户外用品的准备。

- 因为手巧所以擅长做细小的塑胶模型。

- 擅长滑雪和打高尔夫球。

- 喜欢打扫卫生。

- 擅长做饭。

- 被小孩子喜欢。

像这样，当让大家记录和认可自己的优点时，我就会知道那些不能随意说出这些优点的人，往往对自己的认同度比较低。所谓自我认同，指的是无论自己的优点还是缺点都可以自我接受。

说到底人类是不完美的生物。希望大家认识到这一点，不去和别人比较，首先从认可自己的优点这件事开始吧。

无法认可自己、自尊心较强的人，出于对自己弱点的保护，往往会有较强的攻击性，容易对别人发火。

如果能够认可和接受自己，那些对他人无意识的攻击行为就会逐渐减少。

6 明确愤怒的界限

回顾核心信念的方法

管理愤怒就是让大家学会辨别什么是需要发火的事情，什么是不需要发火的事情。对于那些有必要发火的事情，大家也要学会合适的发怒方法。

为了做到这些，让我们一起来明确核心信念（"应该"）的界限吧（图4-1）。

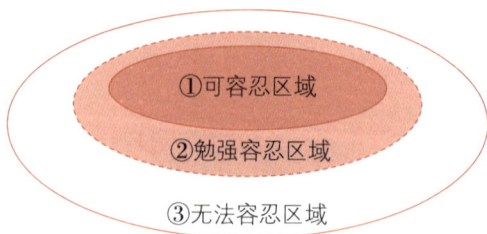

①可容忍区域
②勉强容忍区域
③无法容忍区域

图4-1　明确核心信念（"应该"）的界限

注：本图出自日本愤怒管理协会。

图4-1中的①是和自己的核心信念一致，处于理想状态的可容忍区域。②是和自己的容忍范围稍有偏差的勉强容忍区域。由于没有完全符合自己理想的核心信念而有些焦虑，但仍在能够容忍的范围内。③则是判断为"已经不能容忍了""有必要发怒"的无法容忍区域。

如果认为"绝对应该这样"的话，容忍范围就会变得狭小，人们一旦遇到不符合自己要求的事情就会烦躁不安，感到愤怒。如果容忍范围较小，人们就会经常发怒，从而让自己陷入痛苦中。

因此，设置一个"至少做到这个程度就可以"的勉强容忍区域，在管理愤怒的训练中是非常重要的一种思考方式。

为了划清界限，我们需要确定事情做到什么程度是在可容忍区域内的，做到什么程度能在勉强容忍区域内，做到什么程度就在无法容忍区域内了，也就是明确自己的核心信念的界限。尤其要明确勉强容忍区域和无法容忍区域的界限，作为判断自己是否需要发怒的标准。

界限一旦确定，我们就不能根据自己的情绪而随意动摇。有的人会在自己心情好的时候扩大勉强容忍区域的范围，在自己心情不好时缩小勉强容忍区域的范围。这种时候，会让周围相关的人感到十分困惑。渐渐地，这类人就只会传递给大家"这个人今天心情不错"或"这个人今天心情不好"这样的信息，而大家对这类人发怒的界限却完全不了解。根据心情的好坏说话、总是摇摆不定的人，会被认为是个很麻烦的人。

用语言传达自己的界限

关于自己核心信念的界限，让我们用能让对方明白的语言来表达和共享吧。

对于关系比较亲近的人，我们容易一厢情愿地认为"这件事不用说也应该能明白"。然而即使是家里人，或者一起工作了很长时间的同事，如果不用具体的语言表达出来，有时候对方也不会完全理解我们的意思。

一位经理曾经找我咨询说："我明明跟自己部门的20名下属说要更加主动地参加会议，但却没人能够理解，因此我感到很烦躁。"

首先我对这位经理说的是，他所说的"主动参加"这个目标本身就很模糊。于是，我让他花费了20分钟时间用图4-1的三个容忍的范围来表示自己核心信念的界限，并且为了让下属明白，让他用语言表达出来。

最终达成的结果是"参会者应该每人发表一次自己的意见"这个要求。对于会议的议题自己是怎么考虑的，为什么会持有那样的意见，自己的主张及背后的理由是什么，希望每人一定发言一次。如果会议参加者不发言，就失去了参加会议的意义。这就是这位经理对可容忍区域最理想的界定。

这位经理对勉强容忍区域的界定是，即使自己的主张还不那么明确，至少能说出"和别人的意见一样"这样的话。或者即使没有什么依据，也可以仅说出目前能考虑到的事情，总之要发言。

而这位经理对无法容忍区域的界定则是完全不发言。这种情况下，即使这个人从头到尾都在会议现场，其余参会者也感受不到他参加会议。如果是这种状态的话，这位经理就要提醒他。

这位经理把自己的核心信念的界限说明白都花费了20分钟的时间，可想而知，平时他是用多么抽象的语言来指导下属了。

将自己的核心信念作为标准，我们可以说出很多意见。我们可以用自己的核心信念去指导下属和年轻员工，或者在自己的核心信念被打破时去斥责他们。正因如此，明确核心信念的界限，并用具体的语言表达出来是很重要的。

☐ **管理愤怒**

- 是妥善处理愤怒的一种心理训练。

- 包括应对方法和改变易怒体质两种训练。

☐ **防止因愤怒产生的过激行为**

- 恢复理性大约需要6秒钟。

- 如果能忍耐6秒钟，你就不会因愤怒产生冲动的行为。

☐ **为了忍耐6秒钟的7个应对方法**

- 将愤怒用数字形式表示出来（定量化技巧）。

- 想象让自己心安的事物（重复效应）。

- 按顺序数数。

- 停止思考。

- 深呼吸。

- 使用五感"着陆"。

- 增加表示愤怒的词汇。

☐ **让自己难以发怒的5个改变易怒体质的方法**

- 记录愤怒。

- 本着解决问题的态度进行愤怒管理。

- 试着区分能够改变的和不能改变的事物。

- 采取有建设性的行动。

- 不为无论如何都解决不了的事情烦恼。

☐ **处理核心信念界限时的要点**

- 明确界限。

- 努力扩大容忍范围。

- 不因自己心情的好坏而动摇。

- 用具体的语言传达这些界限。

第 5 章

被卷入愤怒时的
应对法

1 在判断对方的情绪时 不受他人想法的影响

不被对方的想法影响

正如自己有坚持的核心信念那样，别人也有属于自己的核心信念。对方根据自己的主观想法或者主观臆断对你发火，这样的经历想必谁都有过。在这种时候，被对方强加给自己的核心信念和愤怒所影响，与对方争执不下的人好像不在少数。

如果直接否定对方的核心信念，感情用事地将对方的意见驳回，会让对方的怒火成倍增长。严重的话会从原本的议题脱离出来发展成私人情感的纠葛，因此有必要特别注意这点。

另外，当别人对自己发火时，有的人会将负面情绪憋在心里，感到闷闷不乐。这种习惯于将负面情绪埋在内心的人，尤其对方是上级或者客户的时候，更不敢还嘴，只能强忍怒火。而一旦不满情绪积聚到一定程度，这类人就会固执地认为"这个人不好对付""很讨厌他""不想再和他打交道"。他的情绪如果发展到这种地步，彼此的关系就很难去修复了，因此应该在没发展到那种程度之前采取措施。

在反驳对方的时候，注意不要因愤怒产生冲动的行为。

为了做到这一点，当对方感情用事地对你说话时，希望你能客观地判断出"这个人现在说的话是这个人的主观臆断"。例如，当对方对你说"用这种方法开展工作很奇怪"的时候，如果你反驳道："说奇怪也太过分了吧！你才奇怪！都什么时代了还在用老一套办法。"等待你的就是针锋相对的战场。这种时候，请你不要把注意力都集中在被人说"奇怪"这件事上。

为了不被卷入对方的主观臆断，请你先接受"在这个人迄今为止的职业生涯中，这个是正确的做法"这个事实，然后再告诉对方："由于现在有各种各样的做法，我尝试着用其他做法开展工作，我们要不要一起试试看？"如果能这样婉转地传达给对方就再好不过了。

不对他人的愤怒产生过激反应，冷静地处理问题，实际上是非常难做到的事情，必须要经过不断地训练，一旦成功做到了一次，就会容易维持平常心态，所以我希望管理者们都能掌握这个技能。

不被卷入到对方的情绪中

当对方变得感情用事的时候，具备从客观的角度看待问题的能力是很有必要的。

客观看待问题的要点在于，当对方感情用事的时候，你不能任由自己被愤怒吞没，而是做深呼吸，用第4章介绍的忍耐6秒钟的技巧，让自己缓一缓。缓过来之后，你会明白"这个人因为固有观念被打破而正在发怒""这个人说的话中带有主观想法和主观臆断"。

如果你尝试将对方的愤怒在心中进行实况转播的话，你的心情就会比想象中更平静。

对方由于误会向自己发火时的应对方法

有时对方会由于误会而发怒。即使是对方自己想错了而对你发火，如果你马上反驳，也有可能会更加激怒对方。

在这种情况下，我会像下面这样处理。

"非常对不起，关于这件事情，我是第一次听到。很不好意思，能麻烦您再告诉我一下吗？"

你先让自己平静下来，将对方的话茬接下来，再向对方表达"希望我怎么做"的想法。为了不陷入纷争，你需要把关注点放在事情本身上，然后再把话题转移到今后怎么做上面。

当对方向你发火时的应对

如果你是客服人员，当顾客向你发火的时候，要考虑"现在这个人的第一层情绪是什么"。

"对我来说，我会这样做。"能这样提出解决方案固然重要，但理解他人的心情也是不可或缺的。有时候根据当下的情况，"这位顾客现在处于这种状态下十分困惑""由于不知道怎么办才好而十分不安"，像这样如果能理解对方的第一层情绪的话，你就能够说出"亲爱的顾客，实在是很抱歉给您添麻烦了"之类的话，以对顾客的第一层情绪产生共情的态度向顾客致歉了。

由于抱着理解对方心情的态度来处理问题，你能够让顾客产生"这个人能理解我的心情"的想法，从而去说服他们并帮助他们解决问题。

相反，如果你不能理解对方的心情，只是提出解决方案，顾客就会觉得你根本不理解他，从而更加愤怒，有的顾客甚至会进行二次投诉，这样的例子也是常见的。

我来举一个在客服中心经常被提起的处理投诉的事例。

曾经有一位不怎么习惯处理顾客投诉的员工跟我说，他除了有不知道处理方法的苦恼，有时候还会对顾客的愤怒产生过度反应。

"你们到底在干什么啊！这样的事情简直无法想象！"

"用能让我听明白的话给我解释！"

当被想要投诉的顾客如此呵斥的时候，客服人员的情绪也容易激动，结果就会让顾客更加生气。找我诉说此类事情的人不在少数。

这种事的发生容易让人感觉自己受到了人身攻击从而陷入情绪低落，"为什么非要被人说那种话呢"，不知不觉间血往头上涌，容易产生巨大的精神压力。

为了避免此类事情的发生，我想要告诉大家的是，请大家带着"我在顾客和组织之间起到桥梁作用"的意识来处理顾客的投诉吧。

顾客只是通过客服人员去表达想对组织说的话，并非是对客服人员本身进行个人攻击。负责处理顾客投诉的员工承担着理解顾客的责任，并代表组织进行恰当处理的职责。

即使客服人员并没有最终的决定权，也要求他们具有作为上司或者负责人的传话人来处理顾客投诉的意识。

为了不受对方的愤怒影响，采取合理的措施处理投诉，不仅要学习处理投诉的技巧，而且要去磨炼自己的心态，不让自己的情绪被别人牵着走。

不爆发卑躬屈膝的愤怒

有的人会因为自己缺乏自信而容易愤怒。

当别人指正你的行为时，总觉得自己被戳中了不擅长的弱处，于是会立刻这样反击："你不也做不到吗！""和你没有关系吧！""你没教我，所以我做不到啊！"

当出现能力较强的优秀下属时，上司总会想办法对其打压的行为，也属于这种情况。

培养自我认同感和自信心，对于预防此类卑躬屈膝的愤怒是十分有效的。在第4章中我提到过，我们能看到很多容易被这种愤怒左右的人。例如，下属提出了比上司更好的方案，如果是对自己不够自信的上司，会觉得认可对方的提案使自己很没面子，结果会向对方甩出"你就按照我说的去做就可以了"或"以前一直是这么做的，不要说多余的话，不要做多余的事"这样的话。

当想要保护自己的自尊心时，有的上司就会攻击下属，或者想办法打压下属。采取攻击性的交流方式，绝不是内心强大的表现。那种人会给人一种缩手缩脚的印象。

被对方强加观点的例子

接下来给大家介绍一个被对方强加观点的例子。

我以前一边带孩子一边做培训讲师的时候，曾经有人对我说"女性如果有了孩子，就不应该出差"或"生了孩子就应该在孩子3岁之前把重心放在孩子身上"。

这是我年轻时经历过的事情，估计现在很少有日本人这样说了。

当时的我一遇到有企业需要培训的时候，就会把孩子托付给母亲后去出差。然后，我就听到了"为什么孩子那么小还出去工作啊？一般不是应该在家里专心带孩子吗"或"在孩子很小的时候就出去工作，孩子容易叛逆"等闲言碎语。

在这种时候我会用两种方法去应对。

第1种方法是我后面要提到的培养自己置之不理的能力。"女性有了孩子就不应该出去工作"这个观念归根结底是某个人的价值观，并不是社会上一般性的常识。因此，如果能够认识到"即使和对方争论也没有结果"，就会做出"把它当作这个人的自作主张吧"的判断。

　　在这种情况下，你不用特意把自己的意见告诉对方，随声附和着"很多人都这么说"，听一句就过去，别放在心上，这是一个办法。

　　如果从管理愤怒的角度考虑，认为"即使对那个人说自己的观点，也没有效果"就相当于"不能控制的事情"。因此，如果不是频繁见面的人，就任由他们去说吧。

　　如果对方是每天都要见面的上司，频繁地对你说这样的话时，你可采取第2种应对方法，即不要任由自己发怒、反驳，而是平静地告诉对方："即使孩子很小，我也还在工作着，这是与家里人商量后的结果。"

　　我的界限是，如果自己成为母亲后还在工作这件事被说成"不是理所当然的"或"不是普通人做的事"的时候，把这些闲话当成耳旁风，听一下就过去了。但是，如果涉及"孩子会叛逆""孩子会变得古怪""孩子很可怜"等，与孩子相关的话，我就会明确地向对方表明自己的底线："关于我出来工作的事情是与家里人商量后做出的决定，希望你不要对此说三道四。""孩子会叛逆、孩子很可怜这种话让我觉得很不舒服。请不要再说这样的话。"

如果与对方的对话结束后会让你产生"那个时候我应该反驳她"这样后悔的心情，那么不如当面把自己的想法传达给对方比较好。

强势地表达自己主张的人

固执地坚持自己的想法是正确的人，有时候在发怒的同时也会强势地表达自己的主张。

我曾经为一家企业的员工进行培训，培训结束后，有一位员工来到我身边的培训负责人这里，提出了自己的意见："这样的培训为什么要花两个小时？一般90分钟左右就可以了，花两个小时做这样的培训太奇怪了吧！"

这位员工并不是对我培训的内容有意见，而是对每次开展培训的时间有意见，他说："别的企业做这样的培训也就花费90分钟左右，花两个小时参加培训对于一家推进工作方式改革的企业来说太奇怪了。节省出来的30分钟能做很多工作，很多人为了参加培训而延误工作，大家都认为应该把培训时间缩短为90分钟。以后的培训也应该按照90分钟来开展。"

他所说的话里面有几个主观臆断。首先，有的组织可以安排一整天都用来培训，因此所谓的90分钟的培训并不是一般状态。其次，培训的次数一般一年也就一两次，因此不能说对工作造成很大的影响。而且，"大家都这么说"的说法也缺乏事实依据。

那个时候培训负责人的处理方法是比较恰当的。

"您是说希望把培训时间缩短到90分钟左右是吧？您的意见我们会作为今后安排培训的参考，我们对参加培训的员工也进行了问卷调查，关于培训时间这部分很多人认为正合适，也有很多人希望能再长一些。其他的组织也有安排一整天培训的，有可能培训时期正好与您的工作繁忙期重合了。因为从我们的角度来看这是非常必要的培训，而且您也看到了大家的问卷调查结果，所以希望您能重新考虑刚才所说的话。"

像这样，这位培训负责人诚恳地接受对方的意见，同时又不被对方的主观臆断影响，顺利地处理了这个问题。

对于那些以强势的态度提出自己的主张，而这些主张往往又不是事实，而只是基于其主观想法的人，这是一个既不谴责对方，又能冷静地将自己的主张传达给对方的好例子。

不要试图控制对方的情感

在每天找我咨询的人当中，虽然有很多人想要对发怒的人做点什么，但实际却对正在发怒的人没有任何办法。让对方停止发怒这件事本身，是需要带有对方的意志的。即使你对正在发怒的人说"请不要再生气了"，如果对方不能认识到经常发火会给大家添麻烦是不会有任何改变的。

因此重要的是，不要让自己卷入到对方的愤怒中，不要被对方的愤怒影响。

例如，有的人看见旁边的人经常烦躁地敲打着回车键，听着他们满腹牢骚地抱怨时，自己也会变得焦躁起来，无法集中注意力工作。在这样的事例中你首先要想："这个人又开始烦躁了，但是，这不是我的感情，是我无法控制的。"

至于具体的应对方法，如果能够移动，可以将自己座位移动到注意不到那个人的地方，或者找到可以将注意力集中到别的事情上的方法，从自己的行动上改变现状。

想对正在发怒的人"做点什么"，这样的想法会将自己置身于毫无结果的愤怒的旋涡中，因此有时候果断地从中脱离出来是非常重要的。

周围有人发火，使你感到厌恶时的应对方法

出乎我意料的是，有很多人找我咨询说周围经常有人一边抱怨一边工作，这让他们很介意。这些人有时候会发出奇怪的叹息声，一边工作一边发着牢骚。很多人跟我说他们不得不被动地听着这些人对他们说着对同事、上司以及公司的怨言。

上司在训斥某位下属的时候，其训斥方式有时候也会引起毫无关系的其他人的不悦。例如，由于上司当着在同层一起工作的所有人的面训斥了某位员工而使职场陷入一种难堪的氛围，"为什么要用那样的方式训斥员工呢""不至于说出那种话吧"，甚至连周围的人也记住了上司发怒的内容。

在这样的事例中，我们会认为当时在场的所有人是很难采取任何行动的吧。比如当看到上司一副怒气冲冲的样子，要训斥大家时，我们能向上司建议"不要发火"吗？有时候这是非常困难的事。如果是对同事等比较容易说出口的人，我们可以说："你好像容易烦躁，这样会影响到周围的人，你注意一下比较好。"像这样给对方一个建议也可以，然而很多人认为就连这个也很难说出口。

当我们无法将自己的想法传达给对方的时候，对于那些正在烦躁的人，让我们用轻描淡写的方式去接受吧。有时候

放弃控制会让你变得更加轻松。

不被负面情绪牵着鼻子走

还有那种一开口就会向你发泄满腹牢骚的同事。

抱怨不满的人，很多时候并不认为自己也有错。

对于这样的人，我们是不能用"好像没有那样的事吧""别那么说了，集中精力工作吧"等这样的话来回答。

需要注意的是，由于受到他们的影响，我们也容易变得焦躁起来。

正如我在第2章中解释过的那样，情绪是会传染的。特别是像愤怒这样的负面情绪，比正面情绪更有传染力。让我们不要受到爱发牢骚之人的负面情绪的影响。

对于那些爱发牢骚的人，如果你一不留神同意了他们所说的话，他们就会认为"你也这么想"，从而把你当成他们的同伴，因此我们可以说些别的事情来改变话题。

应该最优先做到的是，不被卷入到别人的愤怒中和不被别人的愤怒影响，以平稳的情绪继续工作。如果能时常有意识地注意到这一点，我们不仅能够顺利推进工作，还不会产生那么大的压力。

2 锻炼
自己的无视力

用无视力处理愤怒

当对方因为什么事情向你发火，或者说一些让你感到愤怒的话时，如果你认为"一一处理没有意义"的话，就需要一种不把它当回事儿、充耳不闻的能力，也就是无视力。

例如，在日本的电车中经常有喜欢自言自语的人，或者言行很奇怪的非常自以为是的人，以及因为一点小事就生气的人。遇到这种人的时候，最好的办法就是放任不管。

在愤怒管理的培训中，当我问大家"最近为什么事感到愤怒"的时候，有人回答："在电车中有人用包撞到了我，他不但没有道歉，反而对我怒目而视，于是我不由得说了句'你瞪什么'。"

在电车或者车站不小心和别人撞到的时候，有的人会因为被一位陌生人骂了一句而一直愤愤不平。这是我们在无法忍耐愤怒的人身上经常可以看到的情景。

有的人会将这种愤怒的情绪保持半天或者一天，这实在是一种浪费时间的做法。我们经常会看到一些在电车上不讲公德的人，即使在那一瞬间让你感到很恼火，也不应该一直耿耿于怀。

考虑到这种愤怒会对自己的时间和工作伙伴们产生影响，它就更没有意义了。管理愤怒的目标是，自己和周围的人能够长期身心健康地做出选择。

请你不要选择一直带有愤怒的情绪。

掌握无视力的好处

一旦掌握了无视力，你就不会将注意力浪费到多余的事情上，也就减少了焦躁的时间。和对方的交流也会变得更加顺畅。

减少焦躁次数与愤怒管理密切相关。迄今为止，我和大家说的这些技巧可以让人的忍耐范围扩大，你们会发现随着实践的增多，自己越来越不会被一些毫无意义的愤怒所左右。

无视的技巧

在你选择无视别人愤怒的时候，正如第4章介绍的那样，首先需要忍耐愤怒6秒钟，不做出任何反应是十分重要的。对于那些今后再也不会遇到的人、没有什么来往的职场中的人，你可以把他们归类为"没有必要控制，不重要"的范畴。如果能从这些人中脱离出来，你会感到非常轻松。

有时候人们会觉得自己成了被人撒气的靶子。这种时候有的人会猜测这个人以前一直待在异国他乡，遇到了很多事后太累了，从而选择忍耐这个人的愤怒。

当上司心情不佳并对其他人发脾气的时候，下属可以试着像下面这样想象一下。

"估计是被家人教训了。"

"一定在个人生活上遇到了麻烦事儿。"

"恐怕是在哪里受了冷落。"

将愤怒轻描淡写地一笔带过，是一项技能。自由地猜测能让人情不自禁笑出声的理由，会让你的心情变得从容和平静，所以强烈推荐给大家。

断定为跨文化交流

不经意间被人说"你是农村出来的，所以不明白"，有的人由于过于在意这样的话而备受打击。

在这种情况下，你可以认为说出这种话的人原本就是没素质的人，所以对于他说的话不用过于在意。在这里将对方看成外国人，也不失为一种好的应对方法。

有一位对于女性员工的管理非常在行的管理者。在他经营的公司中，女性员工们不会相互嫉妒、钩心斗角，而是在充满活力的公司中不断地自我成长，活跃在组织的各个领域。

当我向这位管理者讨教如何应对麻烦的人时，那位管理者回答："我把她们当成外国人。"如果把她们当作是来自与自己不同国家的人，即使她们犯了错误，也能够认为这是由文化差异造成的。

即使同为日本人，文化也有所不同。说出来的话让人感觉粗暴无礼，实际上只是那个人由于词汇量不够而选择了使用粗暴的语言，有时候别人并非像你所想的那样充满恶意。

如果只从生硬的语言判断一个人，从而陷入僵硬的人际关系中，会让你感到疲惫。如果你能认识到"这个人生来就是这样""只是文化不同，这个人也许并无恶意"去接受这种不同的话，就会变得很轻松。

3 为了
不受过去的愤怒折磨

在你过去遇到过的让你感到愤怒的事情中，有的事情会随着时间的推移被你逐渐淡忘，而有的事情你一想起来仍然会愤愤不平，想必大家都有过这样的经历吧。

有一位女性管理者曾经遇到过这样的事情。

她在42岁的某一天发现自己怀孕了，而她原本已经放弃了生孩子的想法。于是她把怀孕的事情告诉了自己的男性部长。没想到，那位部长却满脸疑惑地对她说："你刚进入管理层就要休假，都这把年纪了……"一瞬间就让这位女性陷入了一种复杂的情绪中："原来我怀孕并不是一件令人高兴的事情啊，而且说'都这把年纪了'也太过分了。如果我再年轻一点，应该会对我说'恭喜恭喜'之类的祝福吧……"她越想越伤心，后来甚至还发展到怒火中烧的地步。

之后，她顺利地把孩子生了出来，一转眼孩子已经10岁了。然而，即使已经过了10年，一想到当时上司对她说的话，她还是会感到胸口发堵。

虽然她总想告诉那位部长当年他的话有多伤人，但总是错过机会，不知不觉间，那位部长已经不在那个部门了。

这位女性管理者在学习了愤怒管理之后，已经放下了那件事。她说："那个时候伤害过我、让我感到愤怒的人已经不在身边了。仔细思考我想要的未来的状态是什么样的呢？如果想象着描绘一下自己的未来，被已经无法改变的过去的愤怒所折磨着继续生活，并不是自己理想的未来。这种时候，放下愤怒对于我来说是最好的办法。这样一想，我就会平静地朝着自己想要的未来前进。如此，我变得无比轻松。"

像她一样，被过去的愤怒所折磨，变得闷闷不乐甚至连自己都讨厌的人，在这个世界上并不少见。

有时候要学会放过自己，原谅他人。原谅这件事本身就会让自己放松下来。

而原谅对方，并不等于输给了本不应被原谅的人。重要的是，你做出了能让自己的未来更加幸福的选择。

4 保持
不带有愤怒的心境

不制造焦虑的气氛

　　我们经常会看到有些管理者会带有一种让下属很难跟他们说话的气场。特别是当他们认真地考虑着工作上的事情，眉头紧锁制造出一种紧张的工作氛围，或者在无意识的状态下一脸严肃的时候，会让人感到周围都充满了压迫感。

　　在进行愤怒管理的培训时，我曾经询问过参加培训的人对于正在发怒的人、情绪不好的人、焦躁不安的人是怎么想的。于是得到了下面这样的回答。

　　"对于这种人，我只在不得不需要联络和报告的时候与其打交道。"

　　"除非是有必须要找他们的事，否则不想接近他们。"

　　"会不知不觉地看他们的脸色。"

"畏惧这些人。"

"认为跟他们打交道很麻烦。"

我们在不经意间释放出的气场会被周围的人感觉到。所以尤其对于管理者来说，平时就要更加注意以开明的姿态为职场创造出一种和谐、稳定的氛围。

24小时保持冷静

为了以平常心处理事物，有一个"24小时保持冷静"的管理愤怒的技巧。正如这个方法的名字，这是一种以"让自己保持平和心态"来处理事物的方法。

由于这个方法可能会让你觉得疲劳，所以没必要每天都去实行。

在一周中，找一天的时间"让自己保持平和的心态"就可以了。在这一天中，你要以怎样的表情度过，以什么样的态度说话，试着有意识地注意上面的问题度过这一天。

如果自己能保持心态平和，周围的人会有什么样的反应呢？请试着观察周围的人会不会主动和你说话，会不会平静地和你相处，与你说话时的表情和态度是不是更好。如果周围有人跟你说"今天整体感觉不错啊""发生什么好事儿了吗"，那就说明你表现得还不错。

如果周围人的反应令你高兴，或者你感觉自己在处理工作的时候更加得心应手了，那就请你继续坚持下去吧。

如果能够保持自身心态平和，周围人的愤怒就会很难影响到你。

作为管理者，由于你需要承担很多责任，难免会有很多焦躁的情绪，请各位一定尝试着保持良好且平和的心态。

让表情变得平和

当人焦躁的时候，表情也会变得不自然，不知不觉间脸上的表情也会变得可怕。日本顺天堂大学医学部的小林弘幸教授曾指出，这种时候只要有意识地将嘴角上扬，就可以促进副交感神经发挥作用，调整自律神经，从而达到放松的效果。

我们很容易认为心情平静下来之后表情也会变得平和，实际上首先改变表情可以发挥副交感神经的优势，从而帮助人们恢复平静的状态。从检查自己的角度出发，我建议大家也可以尝试用镜子看自己在办公桌前的时候，或者在会议中听人发言的时候，脸上是什么样的表情。

有一位男性管理者正在上高中的女儿曾经对他说："爸爸，你的表情好恐怖。"然后他在镜子前面仔细地端详自己的脸时，发现自己眉头紧锁，嘴角下垂，就连自己都感觉这副表情很消极。

从那以后，他一直坚持以笑脸示人，在工作场所也有意识地保持微笑。

过了一段时间他惊喜地发现，下属们主动和他说话，找他商谈事情的次数也比以前增多了，谈话时下属们的表情也开始变得平和起来。

当有意识地面带微笑听人说话，时刻注意保持平和的表情时，你会发现无论是别人反馈的信息还是开会时的发言人数，都呈现出让人惊奇的变化。

只是通过改变表情就可以让对方的反应发生如此之大的变化。所以我希望大家在办公桌上放一个镜子，试着定期检查自己的表情。

5 将愤怒改为提要求

抱怨和发牢骚无法解决问题

当我出去做培训时，经常会有企业的管理人员找我咨询："当下属感到不满的时候，他们会找我发牢骚，这让我感到很困惑。"例如："为什么每次都只给我分配这么多工作量？""这个人不好好工作，为什么不提醒他注意呢？""我这么努力工作，为什么不给我更高的薪水？"当员工想让领导更好地了解职场发生的事情时，有的人会用责备的口吻向管理者抱怨或发牢骚。

大家是否也有过类似的经历呢？

在这种情况下，如果你只是被动地听对方发表意见，就无法继续谈话。

倾听的一方在这种情况下，无论认为对方的观点多么正确，也不愿意继续听下去，因为倾听者会认为对方在向自己发牢骚。

如果在和上司的面谈中一直发牢骚，上司就会从你的语气上判断"这个人在感情用事地发表意见"，于是会想要让你平静一下再说。结果就导致了你真正想要说的话没有传达给上司。

提要求的方法

从中层管理者的角度来看，不但要倾听下属们的不满和牢骚，还要和上司顺畅地沟通，所以处于一个更加困难的立场。

当有问题想要表达的时候，向对方表达自己的不满绝不是一件坏事。如果你想要认真地传达自己想法，用"今后希望能这样做""现状是这样，本来希望能够这样"等表达方式，这样更容易让对方接受。

例如，如果认为自己的工作负担过重、上司不公平的话，首先向上司阐述现状和事实之后再提需求会比较好。

"我现在正在做这方面的工作。"

"因为这件事破坏了工作的平衡，您能重新考虑一下部门内工作的分工吗？"

为了不让自己的不满听起来像是在告状或者发牢骚，你可以使用"事实+希望"的说法来表达。

"和我一起工作的年轻员工，经常会延误工作的进程，不遵守工作期限。您能不能提醒他们注意一下。"在提需求的时候将事实一起告知对方，这会让对方容易听取和接受你的观点。

劝说加班时只顾聊天的下属和年轻员工的方法

当下属在加班时间聊天时，有的上司会提醒他们："××，加班时不要说闲话。""净顾着聊天的话，即使加班工作了也没什么进展，那加班还有什么意义呢？"

结果，一下就把下属激怒了。这属于不恰当的表达方式的案例。一旦焦躁起来，有的人就会不自觉地说一些多余的话。

将聊天说成是"说闲话"，或者武断地使用"净顾着聊天"这样的说法的话，有时候对方就会因为这种说法而愤怒。

在这种时候，上司可以尝试将抱怨变成要求："因为是在加班时间工作，所以会给大家支付加班费，希望大家能高效地完成工作。除了必要的谈话，大家能不能不要随便聊天，把精力集中到工作中来。"用这样的方式去表达的话，传达的效果就会好一些。

劝说在工作中自作主张的下属和年轻员工的方法

当下属自作主张地进行工作的时候，上司应该怎样劝说他参考别人的意见呢？

"不要自作主张地工作。"

"为什么不跟别人确认一下呢？"

"这种时候一般都要跟别人确认一下吧？"

有时候上司容易在不经意间用带有抱怨语气的说话方式。

我建议大家可以尝试将上面的说法改变为要求："如果不知道怎么办才好的时候，可以先跟我商量一下。""如果不和我商量的话，一旦判断错误，后面有可能会返工，你要考虑到这个结果。"

像这样，上司在提要求的过程中将自己的希望和理由一起告知对方，会收到更理想的效果。特别是现在的年轻人，都更倾向于在知道理由和期望之后，接受对方的观点从而采取行动。请大家尝试一下。

对上司的要求要具体

中层管理者对上司的要求中最多的就是"希望他们能看到整体"。

有的人会对直属上司说："请对下属一视同仁，让工作的分配更加公平。因为管理的不恰当，有些员工的负担会比较重。"如果用这样的方式说话，对方只会感觉受到了谴责。

例如，员工本来是想表达为了与其他部门进行交流，由部长以上职位的管理者参与到交涉中来，效果会更好的意思。然而，他却说："你们管理层的也来帮忙啊！"他没有表达出自己想要表达的意思。

如果把"请稍微帮点忙"改为提要求，这句话就变成了："我们现在正在总结这样的事情。为了让今后的工作开展得更加顺利，能不能请部长出面与其他部门进行交涉。"如果不能说出具体要求，别人就无法理解你的意思。如果能说出希望对方怎么做，对方会更容易理解你的意思。

那么我们来看一下"请对下属一视同仁，让工作的分配更加公平。因为管理的不恰当，有些员工的负担会比较重"这句话又该如何改善呢？

"由于一些员工的工作负担比较重，能不能请您从整体出发，重新调整一下工作安排呢？"

如果能这样表达的话，对方也会比较容易做出回应。

表达的要点是不要用"请好好进行管理""您是在好好管理吗"这样的表达方式，由于变成了责备上司的说法，上司反而不会理解你本来的要求是什么。

当心中的不满积聚到一定程度的话，人们就会容易用这样的表达方式。如果用一种好像在指责对方的表达方式，对方也不会坦诚地倾听你的想法。即使能让对方听进去你的意见，对方也无法真正理解你的想法。

此外，如果能用提要求的方式表达意见，你就不会与对方产生矛盾，并且对方也会容易表达出自己的意见，本着解决问题的目的，彼此的交流变得顺畅，同时谈话内容也更加深入，问题得到解决。

当上司被下属说职权骚扰的时候

这是我最近在一个企业培训时听到的事情。有一位新员工说："从小到大我是在父母的赞美声中长大的。父母从来没有骂过我，严厉的批评会打击我的工作积极性，请多多鼓励我。"除此之外，当他反复犯错误的时候，只要上司说："如果你总是犯这种错误，让我很难办啊！"他就会马上回应："你这么说属于职权骚扰。"

虽然我们经常会听到职权骚扰这个词语，但没有具备职权骚扰的范围的基本知识就随意使用这个词语的人貌似不在少数。

最近，在防止职权骚扰的案例中，我也发现一些弊端。由于太多的组织都在宣扬"不能进行职权骚扰"，反而成了很多下属将计就计的手段，当他们被上司训斥或者做自己不想做的工作的时候，他们便马上脱口而出："你这是职权骚扰。"

在某家企业中，当上司邀请下属参加某位同事的送别会或者半年一次的常规聚餐时，被对方以有事为由拒绝了。上司说："这是半年才有一次的聚会，所以希望你能参加。"对方马上就抛过来一句话："你强制我参加聚会，属于职权骚扰。"有的人把职权骚扰这个词语当作挡箭牌。

一旦被说成是职权骚扰，上司也会心里一紧，很多情况下便不会再说什么了。

当遇到这种类型的人时，让我们冷静地向下属表达自己的想法："这不算职权骚扰。我不是强制你这样做，而是想让你这样做，所以才这样说，希望你不要误解我的意思。"

不管怎么说，我们都不能被对方的愤怒牵着鼻子走，让自己也变得感情用事。

"你说什么呢！这样不算是职权骚扰吧！"当上司说出这句话时，他就已经进入愤怒模式了。

当我在日本各地做培训的时候，几乎每天都会听到让我感到惊讶的咨询。

在多样化的时代，确实会有各式各样的人让我们感到困惑。我们能做的，只是在那种情况下不受周围的影响，用妥善的表达方式与其他人平静地交流。

☐ **当别人对你发火时**

- 不要试图控制对方的愤怒。

- 不要和对方争执不下。

- 不否定对方的核心信念。

☐ **客服处理投诉时**

- 理解对方的第一层次情绪并产生共情。

- 不对顾客的愤怒产生过度反应。

- 具备"具有顾客与组织间桥梁作用"的意识。

☐ **无视力**

- 是对待对方的愤怒充耳不闻的能力。

- 是对于那些自以为是的人和经常发怒的人要学会放任不管的
  能力。

☐ **掌握无视力**

- 会减少焦躁的时间。

- 与对方的交流更加顺畅。

- 从长期来看，可以保持身心健康。

☐ **对别人感到不满时**

- 作为要求来表达的话，对方也会容易接受。

- 先阐述事实，再提希望。

- 将"事实+希望"一起传达给对方。

☐ **对于那些利用职权骚扰将计就计的下属**

- 不要受到对方情绪的影响，感情用事地反驳对方。

- 冷静地向对方表达职权骚扰的范围。

第 6 章

指导、训斥下属的方法

1 训斥
并不是坏事

在第1章中我提到，自从职权骚扰这个词被频繁提起之后，有的人逐渐认为训斥本身就是一件不好的事情。有的人甚至害怕训斥别人。

然而，训斥本身并不是一件坏事，训斥的方法是十分重要的。

在我做过的培训当中，经常让参加人员讨论训斥与不训斥的好处和坏处。

训斥的好处包括：①可以促进对方成长；②可以改变对方的行为；③可以表达自己认真的态度。

训斥的坏处包括：①人际关系恶化；②让对方产生畏惧心理；③被下属投诉自己进行职权骚扰。

因为不训斥，下属可以比较舒服自在地工作，上司还会被容易认为是一个和蔼可亲的人，但只要应该改善的地方没有得到改善，便会被下属看轻从而产生压力，这是上司不训斥下属导致的弊端。

通过讨论的结果，我们可以看到，训斥有它的好处，不训斥也会带来弊端。也就是说，我们应该明白，重要的是训斥的方法和处理问题的方式。

训斥时重要的是，不因为训斥而发生我们提到的训斥的弊端中所导致的事态，而是能够获得训斥的好处中所列举的效果。

在本章中，我会向大家介绍恰当的训斥方法和指导下属的方法。

② 产生训斥行为的原因

得让对方明白被训斥的原因

我们究竟为什么会训斥别人呢？

我在培训时，经常告诉大家，我们希望对方能够成长，想要改善对方的意识和行为，想给对方挽回的机会所以才会训斥对方。绝不是为了将对方击垮，让他不能再振作起来，或者将自己所谓的正确强加给对方，又或者为了发泄自己的压力而训斥别人。

如果是为了让对方在工作中有所改进，明确地要求对方"接下来希望你能这样做"是非常重要的。但实际上，能够使用让对方理解的话语告诉对方"接下来这样做比较好"的人似乎比较少。如果不明白为什么而训斥别人，那么被训斥的一方只会感觉到"这个人好像生气了"。

从愤怒管理的角度来看，当自己或者所属的组织、团队的核心信念没有被遵守的时候，训斥就会发生。

有的团队把"愤怒"和"训斥"当成完全不同的两件事，然而在日本愤怒管理协会中，并没有将"愤怒"和"训斥"明确地区分。

我认为，训斥是一种"表现愤怒"的行为。

但是，并不能只从情绪上表现出"我因为这件事情而生气"，而是有必要明确地告诉对方"希望以后能做出怎样的改善"。

了解事情发生的背景

这是发生在一位曾经参加过我培训的女性管理者小A身上的事例。

有一天，小A对一位新员工说："我出去1小时，帮我留意一下内线电话。"说着就把自己的内线电话交给了那位员工，1小时后她回来了，问那位员工："有我的电话吗？"那个新员工回答："电话响了，但我没接。"

小A一下子就发脾气了，她大声嚷道："一般电话响了就要接的吧？为什么不帮我接呢？一般都会替别人接一下，等外出的同事回来了再把事情转达给对方吧，这难道不是理所当然的吗?"

那位新员工呆住了，解释道:"但你只说让我帮你留意一下啊……"

这么一来小A更加生气，冲着那位新员工说:"简直无法相信。"

后来，小A逐渐了解到近些年来，很多年轻人因为家里没有固定电话，就没有过帮忙接别人的电话并传话的经历。她不禁回过头再思考这件事情，反省自己如果当时能够指导那位新员工，告诉他"今后留意别人的内线电话时，记得帮忙接一下，然后传话"的话就好了。

不了解事情发生的背景，只是说着"这样理所当然的事都不会做吗"去打压对方，这在职场还是很常见的。因代沟产生的问题，在公司中并不稀奇吧。

我在第3章中向各位介绍的外资企业和日本企业之间"是否需要斡旋"的例子也属于这种情况。"自己长久以来认为是理所当然的事情，有的人却不是这样认为的，难道不是这样吗"，像这样，回头去重新进行判断是非常有必要的。

只是，我在这里不想让大家误解的是，没有必要丢掉自己的核心信念将一切都改变。核心信念是自己活到现在逐渐树立起来的价值观，是非常重要的东西。因此，不要试图去改变。

即使对于自己十分重要的东西也不一定就是理所当然的。正如自己有长久以来珍惜的东西一样，别人也会把自己的核心信念看得很重。正因如此，我们要拥有一颗倾听与自己不同的核心信念并愿意与对方探讨的宽容之心。这是因为如果不能将自己的执念随机应变地做出让步，无论是自己还是对方，都会陷入痛苦之中。为了能够让自己和别人都放轻松，希望大家能掌握不固执己见、和他人进行交流的能力。

3 在训斥别人前
需要知道的事

情绪可以自己选择

　　有的人会认为"如果愤怒是一种自然情感，那么感情用
事也是没有办法的事情"。确实，愤怒对于人类来说是一种
自然的情感，我们不能让愤怒消失。但是，如何处理愤怒和
如何表达愤怒却是自己可以调整的。

　　例如，对于犯错的下属，在你感情用事的瞬间，你的手
机突然响了起来。来电显示是一个非常重要的客户打来的。
在那一瞬间，你是否会马上改用一种温柔的语气来接电话，
客气地向对方问候呢？

　　在这种时候，我们控制了自己的情绪，从说话的方式到
表情、态度都做出了改变。

放弃只要发怒就会有效果的想法

"只要严厉地发脾气，下属就会听我的话，所以发怒是很重要的!"

"不要在意职权骚扰，只要能说出按我说的去做就可以了。"

我曾经听到过管理者这样提出建议。

确实有的下属一被上司这样说，就会老老实实地服从。

在问题发生的瞬间，也许发怒能够产生作用，员工由于恐惧而产生了工作的动机，可时间一长又会怎样呢？

虽然看着上司的脸色，由于害怕会先听上司的话，但从长远来看，这是一种无法建立信赖关系的处理方法。

因为畏惧总会看上司脸色行事的下属，有可能会将自己变成工作机器，也就是觉得这个上司动不动就会发怒，处理起来太麻烦了，所以不如先听他的话（不一定是心服口服的）。

4 训斥的方法

选择对方可以理解的表达方式

训斥方法经常会困扰着大家。实际上，最近为了不发生职权骚扰，关于如何处理与下属关系的问题来找我咨询的人也逐渐增多了。

训斥的时候必须要传达给对方的内容中，应该包括"我们正在就什么问题谈话"以及"我希望你能怎么做"这样的具体的事项。除此之外，为了能让对方理解"以后怎样做"，将谈话内容转化为自主的行动，我们还要选择用能让对方理解的语言进行表达，同时不要责怪对方。

好的训斥方法

[向对方具体地传达怎么做才好]

如果用"好好地""认真地""尽早"这类抽象的表达方式来说的话，自己理想的行为和对方理解的行为有可能会产生偏差。

结果就是对方不能按照你的要求去做，从而更让你焦躁。为了能够具体地表达自己的要求，我们可以说："因为你有一些工作经验了，来找我谈话的时候，希望你能带着自己的想法来找我确认。至少能带着自己的思考来找我商量。"

在表达时要让对方理解在第4章中介绍的核心信念的界限（图4-1）。

[向对方解释为什么要做]

对于年轻员工来说，如果不能让他们知道理由就很难转化为行动。因此对于训斥方来说即使是理所当然的事情，也有必要向对方说明"为什么而做""为什么必须要做"。不只限于年轻人，人如果能够从心理上接受一件事情，就更容易转化为自主行动。

对不遵守文件上交期限的人说："请遵守提交期限。如果不能按时提交，希望能提前一天跟我说。延迟提交，会耽误汇总部门的工作。"

将"希望你能这样做"的理由一起传达给对方，会让被提醒的一方更容易理解行动的意义，从而更容易去行动。

如今，在老员工们提醒或者训斥年轻员工时，如果用"这是常识吧"来教训对方，会让对方的士气受挫，如此反应的年轻一代逐渐增加。这是因为即使被上司说"这是常识吧"，也只会让他们感到上司把自己的想法强加给自己。而且，当上司对自己说"遵守期限是作为社会人的常识吧"的时候，他们会感觉上司在说自己"作为社会人是不合格的"，我经常听到年轻员工有这样的意见。

还有的上司会以"别再老犯错误了，会影响我升职的""能不能遵守规则？领导有很多要求"这样明哲保身的理由来训斥员工。这会让员工产生不信任的感觉，他们会认为上司为了保全自己才对他们说这样的话。这样的话语会严重地损害彼此之间的信赖感，所以要明令禁止。

[信赖对方]

训斥时的语言固然重要，相信对方的态度也同样重要。

如果以"你能理解""你能改善"这种相信的态度来面

对对方，就会更容易向对方传达自己的认真程度。当你心中有"无论我说什么这个人也不会有改变"这样的不信任的情绪时，情绪就会通过你的语调和态度传递给对方。

坏的训斥方法

［根据自己心情的好坏去训斥别人］

在第4章中我为大家介绍过，如果在自己情绪好时容忍对方，情绪不好时训斥对方的话，只会传递给对方"今天这个人心情不好"的信息。训斥的标准不能动摇。

［进行人身攻击］

训斥某人的话，尽量只针对这个人做的事来说。

例如，这个月已经迟到3次了这种行为，发生了问题却没有及时汇报等，要将这种做过的行为以及无法做到的事作为训斥的对象。

然而，如果进一步发挥，说出了"你是不是蠢啊""总是迟到，真是一个没有规矩的人""这种事情都做不好，看来你不适合做这个工作""别光拿工资不干活儿啊"这种否定对方人格、辱骂对方的话时，就变成了人身攻击。

对事不对人，请大家务必只聚焦于这个人做过的事情进行训斥。

[在众人面前训斥]

为了杀鸡儆猴、警示众人而当着其他人的面训斥员工的情况，要尽量避免。

例如，在开会或者大家一起讨论的时候，当着众人的面说："大家听一下，这家伙又犯了这样的错误！"当众训斥某个人会让对方的自尊心受到强烈的伤害，从而抱有抵触的情绪。在日本，在多数员工共享的消息群内进行训斥这件事，有时候也会惹上职权骚扰的麻烦。

被训斥的一方会认为"你让我在大家面前受到了屈辱"，由于感到羞愧、自尊心受到了伤害，有的人更不会想"下次应该怎样去做"了。

其他人也会认为"没有必要当着大家的面说吧"，从而对采取这种行为的上司产生不信任感，有的人甚至会认为下次自己犯错的时候也会被这样对待。

[过于感情用事]

"为什么你总是让我为难呢""为什么你净让我担心呢"

等过分宣泄自己感情的语句也不太好。即使宣泄了自己的感情，对方也不见得会按照你的希望去做，只会传递给对方"这个人太可怕了"这样的信息。

[自以为是、武断地训斥]

"对自己的要求不严格！"

"并不认为自己是带着责任来做工作的！"

"原本就没什么干劲儿！"

用没有事实根据的主观臆断来责备对方，或者"经常忘了汇报""一定会找借口""绝对会忘记"，像这样武断地训斥对方是应该严格禁止的。只会让对方产生类似"希望上司别那么武断""并不是经常发生这样的事"的不信任感。

[翻旧账]

"不只是这次，以前也有过类似的事情吧？"有的人说着现在的事会翻起旧账来。

"这段时间已经连续犯过两次这样的错误了，希望你今后不再犯类似的错误，我才会这么说。"

如果可以确认过去的"事实"也可以，但如果反复翻出过去的旧账，不断刺激对方，告诉他以前怎么不行的话，只会适得其反。会让对方产生厌烦感。让我们把眼光投向"今后希望对方这样做"，面向未来去和对方谈话。

[偏离主题]

我们还要避免原本是针对某件事情训斥对方，结果逐渐偏离了论点这种事情的发生。

例如，"希望你能遵守期限。你办公桌上怎么怎么乱？整理也没有做好啊，而且你经常卡着点来上班……"像这样，大家有没有听到过类似的不断偏离主题的训斥方式呢？

如果下属被上司挑剔个人工作方式，不但会让下属产生畏惧心理，上司还无法表达自己真正的意思。

"为什么"的使用方法

很多人在训斥别人的时候会使用"为什么"这个词语。

在培训的时候很多人也会经常问我："不知不觉就会使用'为什么'这个词语，是不是不行啊？"

想必大家有时候也会通过"为什么总会犯同样的错误""为什么会做出这种事情呢"这样的话来质问对方吧。

如果想知道为什么会变成这样，启发对方进行思考的话，那么"为什么"不失为一种有效的提问方式。例如，"这段时间连续3次没有遵守期限了，如果有什么事情的话能告诉我吗？你认为为什么会出现这种情况？"

类似于这样的提问，可以启发对方引出你真正想要的回答。

然而，如果是责备对方、严厉询问，"为什么不遵守期限呢？""为什么反复犯错呢""为什么我说的话你不明白呢"等问题，对方又会怎么想呢？

恐怕有的人会停止思考，有的人会为了要逃离现场而找借口或不断地说着"对不起"，还有的人会产生抵触情绪。

在发怒、训斥对方的时候，应避免经常使用责备对方的"为什么"，希望大家能够注意。

5 相互的
信赖关系很重要

如果是下属信赖的上司，无论什么话语都会直击心灵

如果上司和下属之间，或者团队间能够建立起相互信赖的关系，那么即使上司在训斥的时候使用了不好的方式，对方也不会认为上司是在否定自己的人格。因此，只有形式是没有什么意义的。往深了说，能否建立起信赖关系才是最重要的。

例如，餐饮店里严格的店主会听到他们在工作中训斥下属："笨蛋！你在干什么？这种事你还做不好？"

然而即便在工作中对下属如此严厉，店主也会在店员们收工回去的时候对他们说"回去的时候要小心"，然后摇着手目送店员们离去直到看不见他们为止。因为大家都知道店主是一位温暖体贴的人，所以即使在工作中经常被他训斥，也不会辞职。

然而在他们工作的过程中，去审查店主是否有职权骚扰行为的话，会发现他们的训斥方法完全符合职权骚扰的标准。然而实际上在职场中大家都在轻松愉悦地工作着，那是因为大家都知道店主是带着关爱才会那么说，大家也都明白店主并没有把他们当成外人。如果能和对方建立起信赖关系的话，有时候即使在大家面前受到了训斥也是没有问题的。

如何当着别人的面训斥下属，而不让他感到丢脸

当新员工中出现一些比较散漫的、迟到的、不遵守提交文件期限的人时，为了不把问题变成只是一个人的问题，而是想要让全体新员工都引起注意，有时候会当着大家的面说："这个问题不只是针对某个人，而是对这里的所有人说的。"

如果这样能够与被训斥的员工之间建立起足够的信赖关系，不仅本人会做出反省，在场的其他人也会反思自己的行为，从而有意识地想要做出上司希望的行为。

像这样在众人面前训斥员工的时候，需要各位注意的要点是，在训斥前要明确地告诉大家这不是一个人的问题，而

是大家都有的问题。请在训斥的时候不只是把视线盯在一个人身上，而是看着在场的所有人来说这件事。

"不是某一个人的问题，是大家都有可能发生的问题。我希望大家今后都要注意不要发生这样的问题。因此我才会在大家面前说。"

要先把这个意思表达清楚后再说具体问题。

基于信赖关系的训斥方法

如果上司在平时就很照顾下属，愿意亲切地和下属交谈，双方能够建立起相互信任的关系，当下属明白"把上司惹生气了"的瞬间，即使上司不用说太多，下属也会注意自己的问题，对自己的行为有所收敛。

然而这是因为双方之间有如此牢固的信任关系，被训斥的人对于训斥他的人心怀敬畏之情才会发生的情况。

被训斥的人可以认识到上司真的是为了自己，才会说这样的话。

相反，即使调整了训斥的语句，如果迄今为止双方的关系不亲近，不仅训斥的话语不会在对方心里产生任何涟漪，还会让被训斥的人觉得"唯独不想被上司这么说"。

训斥的话语也好，听起来刺耳的反馈也罢，内容固然很重要，被谁说也是非常关键的。例如，为了不构成职权骚扰，注意自己的言语措辞，却完全不管理下属，对下属的事情也毫不关心，只考虑自己的职位和前途，这样的上司也会被下属们都看在眼里。

有时候，中层管理者为了向上司展示"我在好好教导下属"，为了工作绩效而训斥下属。在这种情况下，无论在言语选择上有没有问题，下属也会对上司产生不信任感吧。

只要基于信赖关系，就会有有效的训斥方法。

注意日常的训斥方法

在培训中，我经常会让参加培训的管理者写出自己在训斥下属时经常会用到的语句。

虽然有的上司训斥过下属，但当时说了什么却记不起来了，这是出于平时不怎么注意"想用什么样的语句表达"这件事。

即使能写出来，有的人也只能写出"你这个家伙""开什么玩笑""笨蛋"之类的语句，很多人会在写出来之后才注意到平时自己会说这样的话。有一次我在外地培训的时候，还有人写出了"揍你"的语句。

训斥下属是为了让对方改变行动或者意识到非常重要的事情。但是，很多人却没注意到训斥时遣词用句的方法。

领导在跟下属进行面谈时如果必须要训斥对方，为了选择能让对方明白的语句，有的人会事先在本子上整理、记录下来要说的话，为了在面谈中不偏离话题，把写下来的笔记放在手边。

这样一来，可以把想要表达的东西简单地说出来，也不会偏离主题。

在训斥下属时，表达有问题的人，可以尝试一下这种方法。

6 不要搞错
训斥的目的

这是在某家IT企业的管理层培训中发生的事情。有一位男性管理者发怒说："我们公司的新员工一点常识都没有。"

当我问他新员工没有什么常识时，那位男性说："他们不读《日本经济新闻报》⊖，所以没有常识。"

这位男性在营业部工作，曾经因为新员工无法和客户顺畅交谈找我咨询。他曾经建议那位新员工："读《日本经济新闻报》，找到符合对方行业的话题来聊天就可以了。"新员工却一头雾水，领导才想到现在的年轻人已经不读报纸了，于是劝他也可以在网页上读新闻。即使那样对方也没什么反应，所以领导就问了一句"怎么了"，没想到那位新员工反问一句"《日本经济新闻报》是什么"。

⊖《日本经济新闻报》是日本具有全国性和很大影响力的报纸。

那位新员工甚至都不知道《日本经济新闻报》这份报纸的存在。从上司的角度来看简直无法想象："一般来说，进入社会之前至少都会读读《日本经济新闻报》吧。"

又以此开始继续训斥："在进入社会之前为什么不读《日本经济新闻报》呢？简直无法想象。在找工作的时候应该会读吧。而且居然都不知道这份报纸，这也太过分了。"

他还跟人事部门抱怨："不要把这样没有常识的人分配到营业部来，在招聘的时候，拜托确认一下新员工是否读过报纸。"

在这个例子中，我首先向他确认了他的目的到底是什么。

当然不是教训新员工，或者对人事部门发火、抱怨吧。如果希望新员工去拜访客户并能够和客户顺畅对话是上司本来的目标，那他的训斥行为就大错特错了。

上司应该让对方阅读新闻报纸，教给新员工阅读新闻的哪些部分比较好，也就是必须开始指导新员工如何将在新闻中读到的话题应用在与客户的交谈中。

对于做不到上司认为理所当然的事情的员工，上司本意是想劝说、教导员工，在采取行动时却偏离了本来的目的，令人意外的是这样的人不在少数。希望能够引起大家的注意。

7 尝试改变训斥的习惯

注意无意识的习惯

在培训中，我曾经让大家进行过训斥下属情景的角色还原练习。

那个时候很多人会无意识地把双臂交叉于胸前。如果将双臂抱于胸前，会对下属施加压迫感，让下属感到恐惧，所以最好不要这么做。除此之外，还有人会紧锁眉头。

最糟糕的是边敲桌子边给对方施压的人。这也是一种无意识的举动。

像这样的无意识的举动，在培训中被第三者指出来，自己才会意识到这种让对方感到恐怖和畏惧的无意识的行为。

然而，一旦能意识到这些行为，改变也是很快的。如果能注意到自己的行为模式，就让我们一起来有意识地改变吧。只是，要一下子改变长年养成的习惯，需要消耗很大的能量，所以请从一些细小的事情开始做起。有一种说法是，人要养成一个新习惯通常需要3周（21天）左右的时间。以这个时间作为标准，能够有意识地反复强化到自己感觉有变化的程度就可以了。

改变训斥的心理

除了训斥的技巧，和对方相处时的心理也会产生很大的影响。因此，不能只顾着将自己的意识强加于人，也要以"希望你能这样做所以我才这样说""希望你能明白这些事情"这样的想法去处理事情。

好不容易调整了训斥的语句，如果让对方感觉你在将自己的想法强加于人，就没有任何意义了。因此在表达想法的时候，要让对方感受到你的心理。

如果总想着如何控制对方、自己一定是正确的，即使调整了措辞也不会对他人产生影响。

不要用所谓的正确言论去逼迫对方

最近一段时间以来，用所谓的正确言论去咄咄逼人地训斥对方的职权骚扰方式逐渐多了起来。我们以不遵守期限为例来说："××最近经常不遵守期限啊。以前也是这样，即使道歉了，也还是反复犯错。这种事情难道不是对社会人的基本要求吗？"像这种虽然言辞不是很激烈，但却逐渐对他人步步紧逼的说话方式。

被所谓的正确言论逼迫的、被训斥的一方，有的会停止思考，有的会为了逃离职场而不断地找借口，还有的人会毫无感情地反复说着"对不起"，但会在心里产生严重的抵触情绪。

用所谓的正确言论将对方驳倒，以此来证明对方是错的，这应该不是训斥者本来的目的。

8 训斥下属的要点

会产生过激反应的下属

在第5章中我提到过，经常会有一些管理人员向我咨询有的员工一听到刺耳的话，或者分配给他们一些不愿意做的工作的时候就会以职权骚扰作为挡箭牌，实在是让人苦恼。

其中也有一些员工为了回避自己不想做的工作而将职权骚扰作为借口。

对于这样的下属，我建议大家让他们理解职权骚扰这个词的含义，以及作为团队一员的目标。

曾经有一位管理者向我咨询："有一个进入公司两年的下属，因为客户委托我们做一个很急的项目，我要求他加班，他就说加班属于职权骚扰，让我无言以对。那之后，我越想越生气，当时对那个下属什么都没能说出口。"

如果是必须要加班的时候，向对方像下面这样表达怎么样？

"如果我们是以团队的形式与客户打交道，那就必须要完成。这样一来，我们的目标就不是在这里争论是不是职权骚扰，而是能否在与客户约定的期限内交货。为了达成目标，就需要我们相互让步去完成客户的要求，我希望你能理解这件事情。"

对于产生过激反应，轻易说出职权骚扰这个词语的下属，希望你能够不以同样的过激反应来处理。

反复犯错的下属

曾经有一位经理向我咨询："有的下属总是反复地犯相同的错误，我已经不知道应该如何指导才好。"

那位经理已经在考虑想要减少分配给那位年轻员工的工作了。因为他判断那个人的能力已经无法胜任更难的工作，只想分配给他能力范围内的工作。然而，他却被自己的上司说："想办法培养下属也是你的职责！"他对我说自己被夹在自己的上司和下属中间感到非常困惑。

从我的角度来看，如果继续分配给那个下属超出他能力范围的工作，结果只能是由上司替他开展收尾工作，到头来只会增加上司的工作压力，而且也会干扰到周围人的工作进度。因此我告诉他，你只能选择和上司把这件事情谈清楚。

那位经理的上司曾经对他说："如果你成为经理，一定要把下属们都培养得能够独当一面。"

因此他执着地认为一定不能辜负了上司的期望而把自己和整个团队都搞得疲惫不堪，就连他本人也被折磨得快要崩溃了。我建议他把真实状况再和上级领导进行汇报。

只要有一个反复犯错的人，就会给其他成员带来影响。受到影响的其他成员也会向那位经理发牢骚。因此，这样的事实际上是非常严重的问题。我们只关注于上司对下属的职权骚扰，今后也有必要关心下属是否会对上司进行职权骚扰。

反复犯错的人的问题已经不能只在团队内部解决，我们要让上级领导也了解到这个情况，如果上级领导不介入，恐怕很难解决这样的问题吧。

考虑管理的问题时，不要一味地考虑上司的问题，也要看清下属是否也存在问题，必须在这个基础上考虑如何解决。

不要一个人独自苦闷，而要寻求周围人的帮助，大家一起想办法。

即使提醒下属多次，他也毫无改变时的处理办法

由于训斥的一方也是人，所以我认为很难一直保持平稳的心态。能以平常心反复地提醒下属相同的事情，估计只有机器人才可以做到。

即使多次提醒，下属也毫无改变的时候，我们有必要考虑不同的处理方式。

如果你的提醒没有什么效果，委托别人去传达也是一个有效的办法。

如果你是课长的话，可以和部长商量，或者可以委托比自己职位高的人。从人际关系上来讲，很有可能存在"由于是这个人说的，我就不听"的情况。也有人习惯了被上司提醒，认为"反正上司会容忍我"，出于这种恃宠而骄的心态，不会去做出改变。因此要把这种关系切断，试着选择让别人和当事人交涉，这也不失为一种有效的方法。

除此之外，还可以找当事人利用专门的时间面谈，告诉对方："由于是非常重要的事情，如果你不能改正，会涉及今后我如何给你分配工作的问题。能不能告诉我你的想法？"要让对方知道"事情要比自己想象得更加严重"，所以你才另外设置了面谈的机会。

通过这样的面谈，能够让对方感觉到"这是非常重要的事情"。

非常认真的上司，会因为与屡教不改的下属面谈而抑郁，甚至崩溃。也有的上司会突然改变态度认为自己的言行中没有职权骚扰的内容。

现在管理职位上的很多人，自己年轻的时候就是被上司严厉地训斥过，而如今自己成为上司却被人说"不能再这样下去了"。因此有的人会感到很困惑，也有的人会觉得"迄今为止我就是用这种做法一路坐到了现在的位置，现在的年轻人太娇气了"。

而作为企业，从合规经营的角度来讲，不能对实施职权骚扰的人放任不管。我也曾经针对引起职权骚扰的人进行过几次培训，我感觉引起职权骚扰的人，也会根据处理方式不同而发生改变。

由此可见恰当的处理方式，是多么重要。

可以将自己非常在意的事传达给对方

这是发生在一位女性管理者身上的事。她告诉我有一位年轻的女员工不管什么事都要来问她。原本只要确认一下工作手册就能明白的事，她希望这位员工能确认之后再来问自己。只是，她也不好意思因为这些琐碎的事去提醒她，觉得会让对方认为自己婆婆妈妈的。但是，她也注意到如果那位新员工总是不断问自己问题的话，自己会显得不耐烦。

想要耐心解答的情绪会逐渐演变为责备对方的情绪，如果最终发展为讨厌对方的话，还是不要把它当成"琐碎的事"来处理会比较好吧。

即使在一般人看来是琐碎的小事，但如果对于自己来说是重要的大事的话，还是将这种想法传达给对方比较好。在这个例子中，这位管理者可以告诉对方："你先看看工作手册，如果有不明白的地方再问我。自己亲自去查会更容易掌握，一定要好好利用工作手册。"还可以告诉她工作手册的使用方法。

不要管别人怎么看，而要在乎自己是怎么想的，直面自己的想法才是最重要的。正如第4章中我提到的，如果能在自己心中明确划出训斥和不训斥的界限，并养成根据界限来表达自己想法的习惯，在交流的时候就不会给自己太大的压力。

不要让愤怒在自己的心中放大

因为一点小事就大发雷霆的人，本身就令人困惑。一位男性上司曾经向我咨询，一位20多岁下属的存在会让他觉得很不自在，他很讨厌那位下属。

我想要解开他讨厌那位下属的原因，他给我列举出了诸如委托给他的工作反复犯同样的错误、不遵守期限、不按照要求行动，和自己的价值观不同等让他不自在的事项。

"讨厌对方"这种情感，是因为本人放大了事态。

在这种时候，试着回想一下到底是什么让你对这个人产生了讨厌的情绪。这样一来你就会发现，讨厌的情绪是因为如"反复犯同样错误的行为"之类的小事引起的。

如果能明白这些，就应该关注下属"在工作中反复犯错""说了好多次还不明白"这样的核心部分。

对于自己说了好几次，下属还不明白的场合，应该聚焦于自己用的教导方式是否合理。

当对方能做到你提出的要求的时候，你可以列出单子记录下来。

如果不这样做，就会过度放大压力，甚至会破坏与下属之间的关系。让我们重新回过头去思考一下究竟是什么原因，让你对下属有了讨厌的情绪吧。

如何训斥犯了严重错误的下属

在必须要训斥下属的场合中，有从轻到重的情况。

例如，下属犯了关乎公司信用问题的重大错误的时候，如果本人已经感到十分懊悔了，上司就没有必要再说更加严厉的话；如果本人对错误的认识还不足，上司就有必要训斥下属了。

那么，如果下属犯了错误之后没有改变固有行为，这样下去还会犯更大的错误，上司应该怎样训斥呢？

上司可以说："由于你没有完成与客户约定好的报告，辜负了客户的期待，也给客户添麻烦了，我希望你能明白，不只是你一个人失去了客户的信任，也损害了公司的信誉，这是非常严重的问题。希望你能意识到自己身为组织的一员有责任去维持组织的信誉。"

如果是没有深刻认识的员工，上司还可以向其说明："由于你对客户的致歉以及善后措施不是很充分，看起来你好像对这次的事件认识得不够深刻。"

在这个时候需要注意的是，不要武断地判断对方"对这次事件认识得不够深刻"。

"这次的事件从金额来说相当于损失了800万～1000万

日元。"

"今后我们公司如果不再与这家公司签合同，每年将会损失2000万日元，这不是用其他的工作能赚回来的。"

像这样，用具体的数字进行说明。

由于用抽象的语言表达，对方可能完全不会明白这件事会产生多大的影响、会导致什么样的后果、为了挽回信誉需要多少的努力，事态严重的时候可以用数据把这些传达给对方。

下属平时在工作时间内没有完成工作或者上班迟到等问题的严重程度会因人而异，而如果是关系到公司损失的重大错误，或者在员工自身还没有认识到错误的事例中，就是完全不同性质的问题了。将具体的数字等量化信息告知对方会让员工的印象更加深刻，员工也会更加容易认识到自己的错误。

如何应对对工作流程缺乏想象力的人

"为什么连这件事都必须让我说明白！一般应该自己可以想到的啊。"

曾经有人就上面的问题向我进行咨询。

有的员工由于经验不足，会对工作整体的关联性缺乏一定的认识。由于缺乏想象力，很多员工会无法理解环环相扣的工作流程。

具有想象力的员工，即使别人不说，也能够考虑到工作的整体性，所以提醒他们的时候，只要说"由于前些日子没有按时完成，考虑到后面的工作最好能挤出3天的时间"，对方就能明白。

然而对于缺乏想象力的员工来说，这样说他们就无法明白。这种情况下我们就必须像教中学生一样，对他们进行说明。这通常是上司和下属之间会发生问题的地方。

如果缺乏经验的话，想象力就难以发挥作用。

"你的工作，和什么工作有联系，会对什么工作产生影响。"

如果不把这些关联明确告知下属的话，对方就不会明白。如果是20多岁的新人，还可以理解，而现在即使30多岁甚至40多岁的人，也有很多像这样缺乏想象力的人。

对于这样的人，必须要将我们认为"就连这些都必须要说吗"的部分传达给对方。有时候一次还说不完，所以必须要考虑分几次传达给对方。

对于那些缺乏想象力的人，有必要将工作的背景进行详细的说明。而且在说明过程中，还有必要传达给对方"通过做这项工作，可以产生什么样的影响"，这样才能够让对方有对整体的认识。

"就连这个都要让我说吗"这样焦躁的话，只会增加自身的压力。

"如果不说到某种程度，可能对方会不明白"，上司做这种带有区分性的提醒，也许会让自己的话更加具有建设性。

☐ **训斥的目的**

　　·为了让对方获得成长以及改变行为。

　　·为了给予对方挽回的机会。

☐ **恰当的训斥方法**

　　·向对方传达具体的要求。

　　·告诉对方理由，增加说服力。

☐ **不好的训斥方法**

　　·根据心情好坏决定训斥的标准。

　　·进行人身攻击。

　　·翻旧账。

☐ **训斥前需要知道的事**

　　·训斥会受到平时的信赖关系的影响。

　　·如果没有信赖关系，就不会触及对方的心灵。

　　·被"谁"说与说"什么"同样重要。

　　·要以信任的心态面对和告知对方。

　　·不将自己所谓的正确强加于人。

☐ **不要用所谓正确的言论逼迫对方**

　　·会导致对方停止思考。

　　·会导致对方为了逃离现场不断找借口。

　　·会导致对方内心产生抵触情绪。

感谢大家坚持将本书读完。

我收到了很多来自读者朋友的反馈，他们掌握了管理愤怒的技巧之后，能够更好地控制自己的情绪了；与下属以及上司之间的交流变得更加顺畅，升职了；和家里人的关系变得更融洽了等。

处理人与人之间的关系绝不是一件轻松的事情。

与很久以前相比，大家是不是觉得现在的时代激励员工变得越来越难？有的时候我们需要应对那些言语和举动都超出我们想象的年轻员工，市场要求我们有敏锐的速度，要注意各种职场骚扰行为，还有必要与上层领导保持良好的关系。

然而，正因为我们身处在被称为压力社会的现代，我更希望大家能保持平和的心态，不被愤怒所左右。

在本书写作的过程中，承蒙各方人士的关照。

我要再次感谢鼓励我写成此书的日本经济新闻出版社的细谷和彦先生；还有作为出版合伙人，同时也为本书成型做出巨大贡献的赛拉斯咨询公司的星野友绘女士；以及出于"切断愤怒的连锁反应"理念而努力至今的，管理愤怒的第一人，日本愤怒管理协会的代表理事安藤俊介先生，从心底表达深深的谢意。

最后我还要感谢为我能够集中精力写作创造良好环境的我的先生，以及刚走入社会、作为社会人正在努力工作的儿子。

户田久实